MATHEMATISCH-PHYSIKALISCHE
BIBLIOTHEK
HERAUSGEGEBEN VON W. LIETZMANN UND A. WITTING
=========== 49 ===========

WIE MAN EINSTENS RECHNETE

VON

EWALD FETTWEIS
STUDIENRAT AM STÄDT. OBERLYZEUM UND
LEHRERINNENSEMINAR DÜSSELDORF

MIT 10 FIGUREN, 2 TABELLEN UND
ZAHLREICHEN AUFGABEN

1923
Springer Fachmedien Wiesbaden GmbH

ISBN 978-3-663-15188-3   ISBN 978-3-663-15751-9 (eBook)
DOI 10.1007/978-3-663-15751-9

SCHUTZFORMEL FÜR DIE VEREINIGTEN STAATEN VON AMERIKA:

© Springer Fachmedien Wiesbaden 1923
Ursprünglich erschienen bei B. G. Teubner in Leipzig 1923

ALLE RECHTE,
EINSCHLIESSLICH DES ÜBERSETZUNGSRECHTS, VORBEHALTEN.

DEM ANDENKEN
MEINES VATERS

VORWORT

Dieses Bändchen setzt in keiner Weise mathematische Kenntnisse voraus und möchte sich an jeden wenden, der mit Verständnis rechnen gelernt und die Freude daran nicht verloren hat. Seiner ganzen Fassung nach dürfte es vielleicht den Liebhabern der Kulturgeschichte nicht unwillkommen sein.

Düsseldorf, Weihnachten 1922.

Ewald Fettweis.

INHALTSVERZEICHNIS

1. Die ersten Anfänge des Zählens und Rechnens (Fingerrechnen) 7
2. Das Rechnen bei den vom Griechentum unabhängigen Kulturvölkern. 11
3. Das Rechnen bei den Griechen und Römern 19
4. Die Abazisten des Frühmittelalters 30
5. Das Rechnen bei den Indern 36
6. Das Rechnen bei den Arabern. 40
7. Die Auswirkung der indisch-arabischen Rechenmethoden im Abendland
    a) das Rechnen mit ganzen Zahlen. 44
    b) das Rechnen mit Brüchen und die Erfindung der Dezimalbruchrechnung 48
8. Die Abazisten des Spätmittelalters 51
9. Schluß. 54

1. DIE ERSTEN ANFÄNGE DES ZÄHLENS UND RECHNENS (FINGERRECHNEN)

Die Menschen haben in den ältesten Zeiten in rein anschaulicher Weise mit Hilfe konkreter Gegenstände, z. B. mit Steinchen, Weizenkörnern, Schlangenköpfen, Stäbchen, Grashalmen, Knotenschnüren, Kerbhölzern gezählt und gerechnet. Ausdrücke wie das französische „calculer" = „mit Steinchen hantieren" und die Bezeichnung der mexikanischen Tarahumaren für rechnen = „abhäufen" oder „zu Haufen verteilen" weisen noch darauf hin. Das am weitesten verbreitete und beliebteste Rechenhilfsmittel der Menschheit waren aber die Finger. Sie wurden benutzt, ähnlich wie es jetzt noch unsere Kinder in der Schule machen. Belege dafür lassen sich genug erbringen.

Die Sprachwissenschaft zeigt in einer Unmenge von Sprachen Verwandtschaft auf zwischen den Zahlwörtern und den Benennungen für die menschlichen Gliedmaßen, hauptsächlich für die Finger, Hände, Zehen und Füße. Der Nachweis der Sprachwissenschaft gelingt natürlich um so schwerer, je abgeschliffener die in Frage kommende Sprache ist, aber selbst der Sinn unseres deutschen Zahlworts „zehn" als „zwei Hände" kann als erwiesen gelten. Zehn kommt von „zehan," zehan von „dvakan," wo „dva" zwei bedeutet und „kan" eine verstümmelte Form für Hand ist. In einer Menge ozeanischer Sprachen, in amerikanischen Indianersprachen, bei den Malaien in Hinterindien und bei den Tschuktschen in Sibirien, dann in fast allen Hamitensprachen Afrikas fallen die Wörter für „fünf" und „Hand" dem Stamm nach zusammen. Bei den Kumana im Ost-Sudan heißt „sechs" wörtlich „Hand und eins," bei Zulustämmen Südafrikas „neun" „lasse einen (Finger) zurück," bei gewissen Bergindianerstämmen Canadas, die der Familie der Athapasken angehören, heißt „neun" „man beugt einen Finger." Indianer am Madeirafluß sagen für „dreizehn" „meine Hände und noch drei," die Banda im Sudan für „fünfzehn" „drei Fäuste." Eskimo der Hudsonbai sagen für „zwanzig" „ein Mensch," für „hundert" „fünf Menschen," gewisse Karibenstämme Mittelamerikas gar, wie Pott nach Rochefort berichtet, für „zwanzig" „alle Handsöhne und alle Fußsöhne." In den Hamitensprachen stimmt „eins" vielfach mit „voran" „zuerst" überein, zwei mit „Nachfolger," „Kamerad," drei mit „groß" (der große Mittelfinger), vier hängt oft dem Stamm nach mit „ausspreizen" „öffnen" (der Hand), auch mit „Handbreite" und „Hand" zusammen. Bei manchen Völkern heißt sechs „die andere eins," sieben, „die andere zwei," usf. Alle diese Tatsachen lassen sich nur erklären, wenn man annimmt, daß die Menschen ursprünglich an den Fingern gerechnet haben. Raummangel verbietet es, darauf, wie auf so manches andere Interessante, was in dieses Kapitel gehört, ausführlicher einzugehen. (s. Literaturverzeichnis).

Dazu kommt nun, daß noch jetzt sehr viele Naturvölker keine Zahl aussprechen, ohne die zugehörigen Gesten an den Händen oder an Händen und Füßen dabei zu machen. Bezüglich Afrikas schreibt in dieser Hinsicht Marianne Schmidl: „Bedenken wir ..., daß ... die Ausdrücke der Lautsprache in der Mehrzahl der Fälle nur Übersetzungen der Gebärdensprache darstellen, so ist es notwendig, die letztere im großen und ganzen als die primäre Ausdrucksweise aufzufassen, ja als die, welche die Zahlvorstellung überhaupt vermittelt."

Die Herkunft des Zählens und Rechnens von den Fingern zeigt sich auch bei uralten Kulturvölkern, die den Anfängen der Menschheit näher standen als wir. Bei den Griechen der homerischen Zeit hieß rechnen soviel wie „abfünfen," was nur erklärt werden kann, wenn man annimmt, daß ihre Vorfahren mit Hilfe der Finger gezählt und gerechnet haben. In der babylonischen Keilschrift, die im 5. Jahrtausend v. Chr. schon da war, ist die älteste Form des Schriftzeichens für Hand eine Handwurzel mit den ausgespreizten fünf Fingern, und dieses Zeichen bedeutet zugleich den Namen der Zahl fünf. Das Keilschriftzeichen der Zahl zehn, einen Winkelhaken, deutet Albert Drexel als das Bild der zueinander gebogenen Hände. Das sumerisch-babylonische Wort für zehn enthält den Stamm „beugen." In den hieroglyphischen Inschriften auf den Mauern des Tempels von Edfu in Oberägypten findet sich sehr oft als Zeichen für die Zahl fünf eine Hand mit ausgestreckten fünf Fingern, und auf den von Lepsius beschriebenen altägyptischen Ellen, die man bei Ausgrabungen fand, sind die Zahlen von 1 bis 6 durch die Finger dargestellt.

Eine vierte Bestätigung für die Richtigkeit unserer Behauptung, daß das älteste und beliebteste Rechenhilfsmittel der Menschheit die Finger gewesen sind, bietet die weite Verbreitung der sogenannten natürlichen Zahlensysteme, des Fünfer-, Zehner- und Zwanzigersystems. Diese sind eben in ihrer Entstehung nur zu begreifen auf Grund der Annahme eines ursprünglichen menschlichen Rechnens an den Fingern bzw. Fingern und Zehen. Fünfersysteme, d. h. Zahlensysteme, die so die fünf beim Aufbau der Zahlenreihe als Stützpunkt gebrauchen wie wir die zehn, finden sich bei Naturvölkern in allen Weltteilen (ungefähr die Hälfte der Zahlensysteme Nordamerikas sind Fünfersysteme); das Zehnersystem ist in Benutzung bei den meisten jetzt lebenden Kulturvölkern, dann aber auch bei Naturvölkern und fand sich bei alten Kulturvölkern, z. B. in Ägypten und Peru. Zwanzigersysteme, also Zahlenreihen, die zu ihrem Aufbau in der Hauptsache zwanzig als Stützpunkt brauchen, sind vor allem bei Kulturvölkern vergangener Zeiten nachgewiesen, bei den alten Kelten (quatre-vingt $= 4 \times 20 =$ acht*zig* $= 8 \times 10$), bei den alten Dänen, bei den Azteken und Maya in Amerika, bei den Vorfahren der jetzigen Albanesen, in der Sprache der Welschen, der Vasken, der Bewohner von Wales und Irland, dann bei einer Menge von Halbkulturvölkern im Sudan und in Mittelamerika, ferner in Ozeanien, z. B. auf Tahiti und den Markesas-Inseln, endlich bei gewissen Eskimostämmen, den Tscherkessen und bei den Ainos.

Eine merkwürdige Erscheinung ist eine Multiplikationsmethode an den Fingern, die sich in verschiedenen weit auseinander liegenden Gebieten des alten römischen Reiches, bei den Bauern der Auvergne und Walachei, bei serbischen Zigeunern sowie in Syrien und Palästina bis in die Jetztzeit hinein erhalten hat. Ihr Zweck ist eine Entlastung des Ge-

1. Die ersten Anfänge des Zählens und Rechnens

dächtnisses, indem die Multiplikationsaufgaben von 5×5 bis 9×9 mit Hilfe der Finger auf diejenigen von 1×1 bis 5×5 zurückgeführt werden. Wollen die Auvergner z. B. 7×9 rechnen, so schlagen sie von den ausgestreckten Fingern der linken Hand zwei ein, weil $7 = 5 + 2$, von den ausgestreckten Fingern der rechten Hand vier, weil $9 = 5 + 4$. Die Zahlen der eingeschlagenen Finger werden addiert: $2 + 4 = 6$ und ergeben die Zehner des gesuchten Produkts, die Zahlen der vorgestreckten Finger werden multipliziert und ergeben die Einer: $1 \times 3 = 3$; also Ergebnis: $7 \times 9 = 63$. Nehmen wir 6×7. An der linken Hand wird ein Finger gebeugt wegen $6 = 5 + 1$, an der rechten beugen sie zwei, weil $7 = 5 + 2$, die Summe der eingebogenen Finger beträgt 3, also zunächst 3 Zehner; das Produkt der vorgestreckten Finger ergibt 12 Einer oder noch einen Zehner und zwei Einer. Die Summe beider Teilrechnungen beträgt also 4 Zehner und 2 Einer oder 42. Die Fingermultiplikation in den übrigen genannten Gegenden ist nur unwesentlich von dem beschriebenen Verfahren verschieden.

Aufgaben: 1. Aus welchen Summen würde man sich in einem konsequent durchgebildeten Fünfersystem 32, 67, 54, 183 zusammengesetzt denken? Und wie wären diese Zahlen mit unseren Ziffern zu schreiben?

2. Mit wie vielen unserer Ziffern kämen wir im Fünfersystem aus, wie viele hätten wir im Zwanzigersystem nötig?

3. Verschaffe dir die erforderlichen uns fehlenden Ziffern, indem du z. B. als Ziffer für 17 das Zeichen |17| wählst, und schreibe dann im Zwanzigersystem nach unserer Art 87, 156, 1531, 576, 5614, 9804.

4. Warum werden manche Zahlenwerte im Fünfersystem mit mehr Ziffern geschrieben als im Zwanzigersystem?

5. Rechne die Aufgaben von 6×6 bis 9×9 an den Fingern durch.

6. Inwiefern fallen die Aufgaben 5×5 und 10×10 auch noch als Grenzfälle unter die beschriebene Multiplikationsmethode?

7. Suche den inneren Grund des beschriebenen Multiplikationsverfahrens zu erfassen, wenn nicht anders möglich, mit Hilfe der Algebra, indem du annimmst, die Faktoren hießen a und b:

Die Ägypter

2. DAS RECHNEN BEI DEN VOM GRIECHENTUM UNABHÄNGIGEN KULTURVÖLKERN

Für sehr viele gebildete Laien des Abendlandes beginnt jegliche Kulturgeschichte mit dem Griechentum. Es gibt aber eine ganze Reihe von Völkern, die, unabhängig vom Griechentum, eine sehr hohe Kultur erreichten und bei denen sich auch die Rechenmethoden in eigenartiger Weise entwickelten. Von diesen kommen hier die Ägypter ausführlich zur Behandlung, die anderen können schon wegen Platzmangels nur ganz kurz besprochen werden.

Unsere wichtigste Quelle für das Rechnen der Ägypter ist ein aus der Zeit zwischen 2200 v. Chr. und 1700 v. Chr. stammender Papyrus, welcher nach dem Engländer, der ihn auffand, Papyrus Rhind, nach dem Ägypter, der ihn geschrieben haben soll, Papyrus Ahmes und nach dem Deutschen, der ihn übersetzte, Papyrus Eisenlohr genannt wird.

Wir müssen aber, bevor wir an seine Besprechung herangehen, bemerken, daß wir aus ihm wahrscheinlich nur die Verfahren kennen lernen, nach denen die gebildeten Ägypter, die Beamten und die Priester rechneten, und daß davon zu unterscheiden sind die Methoden der großen Masse des Volkes.

Das Volk scheint, wie schon erwähnt wurde, an den Fingern gerechnet zu haben, dann aber auch mit Steinchen, allerdings nicht mehr in ganz roher Form, sondern auf dem Abakus oder Rechenbrett. Das Rechenbrett besteht im wesentlichen aus Kolumnen von gleicher Breite, die auf einer Unterlage durch parallele auf den Rechner zulaufende Striche hervorgerufen werden. In jede Kolumne können Steinchen hineingelegt werden. Bei einem Zehnersystem bedeuten die Steinchen etwa in der ersten Kolumne von rechts aus die Anzahl der Einer, die Steinchen in der zweiten die Zehner, in der dritten die Hunderter usf. So konnte jede beliebig große Zahl mit Hilfe von wenigen Steinchen dargestellt werden. War von einer Stufenzahl nichts vorhanden, so blieb die betreffende Stelle einfach frei. Die Kolumnen konnten der Bequemlichkeit halber Überschriften erhalten in den Stufenzahlen des Volks, bei dem das Rechenbrett in Benutzung war. Die obere

12 2. Rechnen bei den vom Griechentum unabhäng. Kulturvölkern

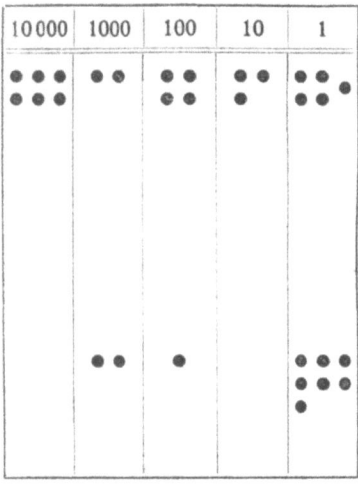

Fig. 1.

Zahl in nebenstehender Figur bedeutete also 62435, die untere Zahl 2107. Auf dem Rechenbrett handelte es sich zunächst nur um Darstellung der Zahlen. Wie wir aber später sehen werden, entwickelten sich im Lauf der Jahrtausende bei den Völkern Verfahren, nach denen alle vier Grundrechnungsarten darauf ausgeführt werden konnten. Ob dies auch schon den Ägyptern gelungen war, wissen wir nicht. Hinsichtlich des Rechnens der gebildeten Ägypter erfahren wir aus dem Papyrus Rhind und den übrigen erhaltenen Urkunden, wie sie mit ganzen Zahlen multiplizierten und dividierten und wie sie mit gemeinen Brüchen umgehen konnten. Wenn die Ägypter $8 \cdot 17$ bestimmen wollten, so rechneten sie zunächst $2 \cdot 17 = 34$, dann $2 \cdot 34 = 68$, weiter $2 \cdot 68 = 136$. Also $8 \cdot 17 = 136$. Entsprechend verfuhren sie bei $21 \cdot 53$ folgendermaßen: $1 \cdot 53 = 53$, $2 \cdot 53 = 106$, $4 \cdot 53$, also $2 \cdot 106 = 212$, $8 \cdot 53$, also $2 \cdot 212 = 424$, $16 \cdot 53$, also $2 \cdot 424 = 848$. Jetzt wurden $16 \cdot 53$, $4 \cdot 53$, $1 \cdot 53$ addiert. Das gesuchte Resultat ist dann $21 \cdot 53 = 1113$. Die Ägypter halfen sich demnach beim Malnehmen durch andauerndes Verdoppeln der zu multiplizierenden Zahl. Die Division war bei ihnen fast durchweg eine indirekte, d. h. sie multiplizierten den Divisor so lange, bis der Dividend herauskam, und dabei benutzten sie wieder ihr eigentümliches Multiplikationsverfahren. Bei $105 : 15$ verfuhren sie folgendermaßen: $1 \cdot 15 = 15$, $2 \cdot 15 = 30$, $4 \cdot 15 = 60$; $15 + 30 + 60 = 105$, also ist auch $(1 + 2 + 4) \cdot 15$ oder $7 \cdot 15 = 105$, d. h. $105 : 15 = 7$. Schwierig wird die Division der Ägypter, wenn die Aufgabe nicht aufgeht. Das zeigt sich weiter unten bei der Bruchrechnung. Übrigens haben sich die beiden beschriebenen

Papyrus Rhind 13

ägyptischen Rechenverfahren, ihre Multiplikation und ihre Division, aus dem alten Land Ägypten überliefert, Jahrtausende hindurch in der Kulturmenschheit erhalten und fanden sich in vereinfachter Form als gewöhnliches Verdoppeln (Duplieren) und Halbieren (Medieren) in Deutschland bis ins 18. Jahrh. hinein, neben der allgemeinen Multiplikation und Division im Mittelalter merkwürdigerweise vielfach als besondere Rechnungsarten geltend. In Rußland und Böhmen sollen sich jetzt noch Spuren davon finden (vgl. Lietzmann, „Lustiges und Merkwürdiges von Zahlen und Formen", Verlag Hirt, Breslau).

Eigenartig war die Rechnung mit gemeinen Brüchen bei den Ägyptern, wenn wir uns auf die Auslegung der vorhandenen Quellen durch die Gelehrten verlassen dürfen. Gerade wie unsere Kaufleute und sonstigen Praktiker bei ihren Rechnungen wohl selten mit einem Ergebnis zufrieden sind, das in gemeiner Bruchform herauskommt, etwa bei der Division $2:17$ mit $\frac{2}{17}$, sondern die Lösung dieser Aufgabe in Dezimalbruchform herausrechnen, so gab der Ägypter diese Antwort überhaupt niemals, sondern er rechnete so lange, bis er das Ergebnis als eine Summe von Stammbrüchen dargestellt hatte. Stammbrüche sind Brüche mit dem Zähler 1. Aus irgendeinem Grunde, der noch nicht mit Sicherheit erwiesen ist, hat der Ägypter außer $\frac{2}{3}$ nur Stammbrüche geschrieben. Wo er andere Brüche brauchte, wurden nur die Zähler hingesetzt.

Ahmes sagt also im obigen Fall $2:17 = \frac{1}{12} + \frac{1}{51} + \frac{1}{68}$, oder nach ägyptischer Art ohne Additionszeichen $2:17 = \frac{1}{12} \frac{1}{51} \frac{1}{68}$. Das Ergebnis der Divison $3:4$ wird dann ägyptisch $\frac{1}{2} \frac{1}{4}$, das Ergebnis von $2:83 = \frac{1}{60} \frac{1}{332} \frac{1}{415} \frac{1}{498}$. Wegen der Zulässigkeit von $\frac{2}{3}$ war auch die Antwort möglich $8:10 = \frac{2}{3} \frac{1}{10} \frac{1}{30}$. Wie die Ägypter im einzelnen verfuhren, um diese Ergebnisse zu erzielen, ist uns nicht mit Sicherheit bekannt. Vermutlich hatten sie für gewisse dieser nicht aufgehenden Divisionen die Ergebnisse in Tabellen stehen und konnten dann, wie auch Moritz Cantor wahrscheinlich gemacht hat, auf Grund von gewissen Verfahren die Lösung einer jeden beliebigen Teilungsaufgabe ganzer Zahlen auf solche, die sich in den Tabellen fanden, zurückführen. Derartige Tafeln stehen nämlich tatsächlich im Papyrus Eisenlohr für alle Divisionen von 2 durch die ungeraden Zahlen von 3 bis 99, ferner für die Divisionen sämtlicher Einer durch 10. Es scheint auch, daß die Ägypter danach strebten, bei der Division eine möglichst geringe Anzahl von Stammbrüchen mit möglichst kleinem Nenner zu erhalten und, wenn angängig, dem ersten resultierenden Stammbruch einen geraden Nenner zu geben.

Eine besondere Rolle spielte die Multiplikation mit $\frac{2}{3}$. Es ist ja $\frac{2}{3} = \frac{1}{2} + \frac{1}{6}$. Also wird z. B. $\frac{2}{3} \cdot \frac{1}{85}$ so gerechnet: $\frac{2}{3} \cdot \frac{1}{85} = \frac{1}{2} \cdot \frac{1}{85} + \frac{1}{6} \cdot \frac{1}{85} = \frac{1}{170} \frac{1}{510}, \frac{2}{3} \cdot 7 = \frac{1}{2} \cdot 7 + \frac{1}{6} \cdot 7 = 3\frac{1}{2} + 1\frac{1}{6} = 4\frac{1}{2} \frac{1}{6}$. Nach dieser Regel nahm der Ägypter ferner alle Teilungen von 2 durch solche Zahlen vor, die ein Vielfaches von 3 sind; z. B. $2 : 27 = \frac{2}{3} \cdot \frac{1}{9} = \frac{1}{2} \cdot \frac{1}{9} + \frac{1}{6} \cdot \frac{1}{9} = \frac{1}{18} \frac{1}{54}$.

Die Ägypter konnten nun mit ihren Stammbruchreihen, die bei ihnen also eine ähnliche Rolle spielten wie bei uns die Dezimalbrüche, alle möglichen Rechnungen ausführen. Wir wollen dies an einigen Beispielen zeigen. In Nr. 65 des Papyrus Eisenlohr wird im Laufe der Entwicklung die Ausrechnung von 3200 : 365 nötig. Der Ägypter rechnet so: $1 \cdot 365 = 365$, $2 \cdot 365 = 730$, $4 \cdot 365 = 1460$, $8 \cdot 365 = 2920$. Er konstatiert jetzt, daß $9 \cdot 365$ zu groß wäre, darauf wird $3200 - 2920 = 280$ gerechnet, und es muß jetzt noch 365 so multipliziert werden, daß 280 herauskommt. Der größte Bruch, der in dem gesuchten Quotient vorkommen darf, ist $\frac{2}{3}$. Es ist $\frac{2}{3} \cdot 365 = 243\frac{1}{3}$. Ziehen wir dies von 280 ab, so bleibt $36\frac{2}{3}$. Nun ist $\frac{1}{10} \cdot 365 = 36\frac{1}{2}$; $36\frac{2}{3} - 36\frac{1}{2} = \frac{1}{6}$. Also muß noch $\frac{1}{6}$ durch 365 geteilt oder vielmehr 365 so multipliziert werden, daß $\frac{1}{6}$ sich ergibt. Ahmes weiß, daß $\frac{1}{6 \cdot 365} \cdot 365 = \frac{1}{6}$ ist, und so erhält er denn das Resultat $3200 : 365 = 8 \frac{2}{3} \frac{1}{10} \frac{1}{2190}$.

In Nr. 23 des Papyrus soll durch Addition die Bruchreihe $\frac{1}{4}$ $\frac{1}{8} \frac{1}{10} \frac{1}{30} \frac{1}{45}$ zu $\frac{2}{3}$ ergänzt werden. Ahmes wählt als gemeinsamen Nenner 45, also eine Zahl, in der nicht alle Einzelnenner ganzzahlig aufgehen. Die Reihe der erhaltenen Zähler, die wie üblich allein ohne die Nenner hingeschrieben werden, ist $11\frac{1}{4}$, $5\frac{1}{2}\frac{1}{8}$, $4\frac{1}{2}$, $1\frac{1}{2}$, 1 und an Stelle des Zählers 2 von $\frac{2}{3}$ die Zahl 30. Die Zähler von $11\frac{1}{4}$ bis 1 werden addiert, die Summe ist $23\frac{1}{2} \frac{1}{4} \frac{1}{8}$. Um 30 zu bekommen, muß hierzu noch $6\frac{1}{8}$ addiert werden. Die Zahl $6\frac{1}{8}$ wird darauf durch 45 geteilt und ergibt als Quotient $\frac{1}{9} \frac{1}{40}$. Also muß zu $\frac{1}{4} \frac{1}{8} \frac{1}{10} \frac{1}{30} \frac{1}{45}$ die Zahl $\frac{1}{9} \frac{1}{40}$ addiert werden, damit $\frac{2}{3}$ herauskommt.

Für die Art, wie Ahmes durch seine Stammbruchreihen

Papyrus Rhind 15

dividiert, soll uns zunächst eine Rechnung aus Nr. 32 des Papyrus als Beispiel dienen. Es handelt sich um die Aufgabe $2 : 1\frac{1}{3}\frac{1}{4}$. Das Wesen der Lösung besteht auch hier darin, daß $1\frac{1}{3}\frac{1}{4}$ so lange multipliziert wird, bis sich gewisse der entstehenden Teilprodukte zur Summe 2 zusammenfassen lassen. Ahmes rechnet folgendermaßen: $1 \cdot 1\frac{1}{3}\frac{1}{4} = 1\frac{1}{3}\frac{1}{4}$, $\frac{2}{3} \cdot 1\frac{1}{3}\frac{1}{4} = 1\frac{1}{18}, \frac{1}{3} \cdot 1\frac{1}{3}\frac{1}{4} = \frac{1}{2}\frac{1}{36}\frac{1}{6} \cdot 1\frac{1}{3}\frac{1}{4} = \frac{1}{4}\frac{1}{72}\frac{1}{12} \cdot 1\frac{1}{3}\frac{1}{4} = \frac{1}{8}\frac{1}{144}$. Der Leser beachte die in der Bruchreihe $\frac{2}{3}, \frac{1}{3}, \frac{1}{6}, \frac{1}{12}$ sich auswirkende Umkehrung der Verdoppelungsmethode. Nun werden sämtliche Produkte mit Ausnahme des ersten addiert und auf den Hauptnenner 144 gebracht. Die wieder allein hingeschriebene neu entstehende Zählerreihe ist 152, 76, 38, 19, ihre Summe 285. Bringt man aber auch die zu teilende Zahl 2 auf den Nenner 144, so erhält man als Zähler 288 und sieht, daß an obiger Summe noch der Quotient von $3 : 144$ fehlt. Das Divisionsergebnis ist also erst angenähert richtig. Es muß noch $3 : 144$ in einer Stammbruchreihe entwickelt und das Ergebnis durch $1\frac{1}{3}\frac{1}{4}$ geteilt werden. Ahmes benutzt dazu einen Kunstgriff. $3 : 144 = \frac{1}{72}\frac{1}{144}$. Er bringt auch $1\frac{1}{3}\frac{1}{4}$ auf den Nenner 144, der entstehende Zähler ist 228, und erkennt so, daß $\frac{1}{228} \cdot 1\frac{1}{3}\frac{1}{4} = \frac{1}{144}$ und $\frac{1}{114} \cdot 1\frac{1}{3}\frac{1}{4} = \frac{1}{72}$ ist. Also ist $\frac{1}{114}\frac{1}{228} \cdot 1\frac{1}{3}\frac{1}{4} = \frac{1}{72}\frac{1}{144}$; der Gesamtquotient von $2 : 1\frac{1}{3}\frac{1}{4}$ also gleich $\frac{2}{3}\frac{1}{3}\frac{1}{6}\frac{1}{12}\frac{1}{114}\frac{1}{228}$ oder nach Zusammenfassung der ersten Brüche $1\frac{1}{6}\frac{1}{12}\frac{1}{114}\frac{1}{228}$.

Eine etwas geänderte Divisionsart tritt in Nr. 63 des Papyrus auf, wo bei der Aufgabe $700 : 1\frac{1}{2}\frac{1}{4}$ erst $1 : 1\frac{1}{2}\frac{1}{4}$ gerechnet und dann das Ergebnis mit 700 multipliziert wird. In Nr. 24 des Papyrus schließlich verfährt Ahmes bei der Division von 19 durch $1\frac{1}{7}$ ähnlich, wie wir das tun würden. Er dividiert 19, natürlich auf seine Art, durch 8 und multipliziert das Ergebnis, natürlich wieder auf seine Art, mit 7.

Manche Leser werden sich wundern über die Eigenart der ägytischen Rechenmethoden. Max Simon schreibt zur Bruchrechnung der Ägypter wörtlich: „Wenn man sich übt, findet man, daß der Unterschied mit unseren Methoden keineswegs so groß ist."

Nun zu den übrigen Völkern, die in dieses Kapitel gehören.

Die Ketschua, das Hauptvolk der Inkaherrschaft in Peru, verfügten über ein Zehnersystem, vielleicht zwischen 1 und 10 über ein Fünfersystem. Das wichtigste mechanische Rechen-

2. Rechnen bei den vom Griechentum unabhäng. Kulturvölkern

hilfsmittel bei ihnen scheinen die Quipus oder Knotenschnüre gewesen zu sein, also Schnüre, die aus einem Hauptzweig und mehreren Nebenzweigen bestanden und in die sie Knoten zur Bezeichnung der Zahlenwerte hineinmachten (Fig. 2). Nach v. Tschudi bedeutet ein einfach geschlungener Knoten 10, ein doppelter 100, ein dreifacher 1000 usf. Sie konnten übrigens mit diesen Knoten nicht nur zählen und rechnen, sondern haben mit ihnen sogar ihre von 949 n. Chr. bis 1533 n. Chr. reichende Geschichte geschrieben. Von diesem Jahr an fielen sie der spanischen Eroberung und damit dem Elend jeglicher Art zum Opfer. Ihre degenerierten Nachkommen aber z. B. die Tcholo von Huancavelia in Peru benutzen die Knotenschnüre noch jetzt als Zählmittel.

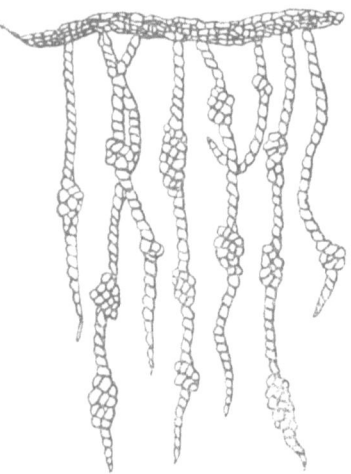

Fig. 2. Quipu.

Die Maya auf der Halbinsel Yucatan in Mittelamerika, deren Kultur schon im 6. Jahrh. n. Chr. auf der Höhe stand, rechneten von 1 bis 20 nach einem Fünfer- oder Zehnersystem, darüber hinaus nach dem Zwanzigersystem, das sprachlich noch selbständige Bezeichnungen aufwies für 20, 20^2, 20^3 und gar 20^4 oder 160 000. Aus diesen Grundgebilden dachten sie sich die übrigen Zahlen zusammengesetzt. 100 wurde selbstverständlich aufgefaßt als $5 \cdot 20$, 300 als $15 \cdot 20$, 1200 als $3 \cdot 400$, aber z. B. 90 als 10 von 100, 1000 als 200 von 1200. Die Zahlen von 21 bis 39 faßten sie sprachlich auf als $20 + 1$, $20 + 2$ usf. bis $20 + 19$. Von 41 bis 59, 61 bis 79 usw. ist dagegen die Auffassung eine andere; 41 heißt dem Sinn nach etwa „die erste auf 60 zu," 42 die zweite auf 60 zu," 54 „die 14. auf 60 zu." Das muß genügen, um zu beweisen, daß bei ihnen gründliches Rechenverständnis vorhanden war. Sie schrieben ja auch ihre Zahlen nach einem Positionssystem mit 19 Ziffern und der Null. Der Leser möge sich darüber bei Löffler Band 34 dieser Sammlung orientieren.

Ketschua, Maya, Azteken, Chinesen

Im 13. Jahrh. kamen die Maya unter die Herrschaft der von Norden her eindringenden Azteken, die im Jahre 1325 die Stadt Mexiko erbauten und die Herrschaft führten bis zur Ankunft der Spanier unter Cortez im Jahre 1519. Damit war auch diese Kultur erledigt. Die Azteken hatten von 1 bis 20 ein Fünfersystem, darüber hinaus ein Zwanzigersystem, das für die Stufenzahlen 20, 400, 8000, selbständige Bezeichnungen aufwies. Ihre Zahlworte für diese Mengen stimmten mit ihren hieroglyphischen Zahlzeichen überein. 20 hieß „das Gezählte," 400 „Haar," ihre Hieroglyphe für 20 war eine Fahne in Form eines Parallelogramms, ihre Hieroglyphe für 400 eine Feder, 8000 hieß Beutel, entsprechend war ihre Hieroglyphe für diese Zahl, die einen Beutel zum Sammeln von Kakaobohnen darstellte. Manches in ihrem Kulturleben war nach dem Zwanzigersystem geordnet, so, wie Bernal Diaz wahrscheinlich macht, ihre Armee, deren Zwanziger-Korporalschaften vielleicht die oben erwähnte Fahne führten, dann auch wie bei den Maya ihre Zeitrechnung, ferner wurden Mäntel, Kleidungsstücke usw. nach Ladungen von je 20 im Handel gezählt.

Die chinesische Kultur müßte, wenn ihre eigenen Angaben richtig sind, die älteste der Welt sein. Schon gegen 2600 v. Chr. soll ein Minister des Kaisers Huang-ti die Rechenmaschine, verwandt mit dem Abakus, erfunden haben. Diese jetzt noch in China und Rußland gebräuchliche Rechenmaschine besteht aus einem rechteckigen Rahmen, in den gewöhnlich 10 parallele Drähte gespannt, dann aber wieder durch einen Querdraht in einen größeren und einen kleineren Teil getrennt sind. Der größere Teil trägt in vielen Fällen jedesmal 5, der kleinere 2 Kugeln. Auf einem derartigen Apparat, Swanpan genannt, übrigens dem Vorgänger unserer Schulrechenmaschine, — Napoleon des Ersten Pionierleutnant Jean Victor Poncelet soll sie vom russischen Feldzug mit in die Metzer Volksschulen gebracht haben, — können alle vier Grundrechnungsarten ausgeführt werden. In der Zeit vor Erfindung des Swanpan sollen auch bei den Chinesen zum Rechnen Knotenschnüre in Gebrauch gewesen sein, aus diesen habe sich dann die Rechenmaschine entwickelt.

Zwischen 5000 und 4000 v. Chr. in die Hochblüte der mesopotamischen Kupferzeit fällt am Euphrat und Tigris die

2. Rechnen bei den vom Griechentum unabhäng. Kulturvölkern

Hauptentfaltung der Kultur der Sumerer. Das Sumerische tritt uns bereits im 4. und 5. Jahrtausend als gereifte, wohlausgebildete Sprache entgegen und zwingt demnach, eine lange vorgeschichtliche Entwicklung dafür anzunehmen. Die vorgeschichtlichen Vorfahren der Sumerer dürften wohl an den Fingern gerechnet haben, wie wir das schon erwähnten. Vielleicht benutzten sie sogar ein Fünfersystem. Das Wort für 6 bei ihnen stimmt nämlich mit einem derjenigen für 1 überein, 7 wird als $5 + 2$, 9 als $5 + 4$ wiedergegeben, allerdings auch 40 als $20 \cdot 2$ und 50 als $20 + 20 + 10$. Gegen 3750 v. Chr. fielen die Sumerer unter die Herrschaft des semitischen Königs Sargon von Akkad. Die nun entstehende Mischkultur, ganz populär als babylonische bekannt, entwickelte hohe mathematische und astronomische Kenntnisse. Man benutzte zwei Zahlensysteme, ein der Masse des Volkes bekanntes Zehnersystem mit den Stützpunkten 1, 10, 100, 1000 und ein schon von den Gelehrten der Sumerer erfundenes Sechzigersystem.

Mit diesem Sexagesimalsystem wurde besonders in der Astronomie sehr gewandt gearbeitet. Es äußert sich noch in unsern Tagen in der Einteilung der Stunde und Minute sowie im Schock, einem Wort, das vom babylonischen „Soss" $= 60$ kommt. Der Leser kann sich denken, daß das Rechnen mit einem nach Potenzen von Sechzig aufgebauten Zahlenkreis nicht leicht war, besonders da daran noch ein unseren Dezimalbrüchen entsprechendes Sexagesimalbruchsystem sich anschloß, bei dem die Einheit in 60 Sechzigstel, das Sechzigstel in 60 Sechsunddreißighundertstel usf. geteilt war und dies alles mit Stellenwert geschrieben wurde. Löffler bringt Näheres darüber. Sicher ist auch, daß schon im 3. Jahrtausend v. Chr. in Mesopotamien viel mit Tabellen gerechnet wurde, sowohl mit Tabellen für das „Einmaleins" als auch mit solchen für die zweiten und dritten Potenzen ganzer Zahlen. Schließlich scheint neben den Sexagesimalbrüchen bei den Babyloniern auch gemeine Bruchrechnung in unserem Sinn bekannt gewesen zu sein.

Aufgaben: a) Rechne, ägyptisch:
1. $39 \cdot 47$, $64 \cdot 138$, $45 \cdot 61$, $117 \cdot 289$!
2. $322 : 14, 1092 : 39, 36720 : 48, 323 : 17$!
3. $\frac{1}{87} \cdot \frac{1}{53}, \frac{1}{69} \cdot \frac{1}{78}, \frac{1}{13} \cdot \frac{1}{29}$!

Sumerer, Babylonier, Griechen

4. $\frac{2}{3} \cdot \frac{1}{27}$, $\frac{2}{3} \cdot \frac{1}{65}$, $\frac{2}{3} \cdot \frac{1}{25}$; 2 : 75, 2 : 33, 2 : 147!
5. Verwandle versuchsweise in Stammbruchreihen 2 : 11, 2 : 27, 2 : 9, 3 : 55, 20 : 51, 7 : 10!
6. Ergänze $\frac{2}{3} \frac{1}{15}$ durch Addition zu 1!
7. 33 : $1\frac{2}{3} \frac{1}{2} \frac{1}{7}$, 1 : $3\frac{1}{3} \frac{1}{5}$, 100 : $7\frac{1}{2} \frac{1}{4} \frac{1}{8}$!

b) Maya und Babylonier: 1. Orientiere dich bei Löffler über das Ziffernsystem der Maya und schreibe in Maya-Hieroglyphen unsere dezimalen Zahlen 1729, 5036, 48701, 798 513! 2. Orientiere dich bei Löffler über das Sexagesimalziffernsystem der Babylonier und schreibe die zuletzt genannten Zahlen in Keilschrift! c) Bilde dir selbst Aufgaben!

Auszug aus der Bruchrechnungstabelle des Ahmes für die Division der Zahl 2 durch die ungeraden Zahlen von 3 bis 99

$2 : 3 = \frac{2}{3}$

$2 : 5 = \frac{1}{3} \frac{1}{15}$

$2 : 7 = \frac{1}{4} \frac{1}{28}$

$2 : 9 = \frac{1}{6} \frac{1}{18}$

$2 : 11 = \frac{1}{9} \frac{1}{66}$

$2 : 13 = \frac{1}{8} \frac{1}{52} \frac{1}{104}$

$2 : 15 = \frac{1}{10} \frac{1}{30}$

$2 : 17 = \frac{1}{12} \frac{1}{51} \frac{1}{68}$

$2 : 19 = \frac{1}{12} \frac{1}{76} \frac{1}{114}$

$2 : 29 = \frac{1}{24} \frac{1}{58} \frac{1}{174} \frac{1}{232}$

$2 : 47 = \frac{1}{30} \frac{1}{141} \frac{1}{470}$

$2 : 67 = \frac{1}{40} \frac{1}{335} \frac{1}{536}$

$2 : 71 = \frac{1}{40} \frac{1}{568} \frac{1}{710}$

$2 : 79 = \frac{1}{60} \frac{1}{237} \frac{1}{316} \frac{1}{790}$

$2 : 81 = \frac{1}{54} \frac{1}{162}$

$2 : 95 = \frac{1}{60} \frac{1}{380} \frac{1}{570}$

$2 : 99 = \frac{1}{66} \frac{1}{198}$

3. DAS RECHNEN BEI DEN GRIECHEN UND RÖMERN
a) DIE GRIECHEN

Die sog. Dorische Wanderung gegen 1000 v. Chr. führte den Untergang der vom Morgenland abhängigen mykenischen Kultur in Griechenland herbei. Es begann die eigentlich griechische Kultur, welche zwar auch nicht frei war von ägyptischen und babylonischen Einflüssen, sich aber im wesentlichen selbständig entwickelte. Dies zeigt sich im Rechnen, von den Griechen Logistik genannt.

Die große Masse des Volkes hat wohl immer an den Fingern und auf dem Rechenbrett oder Abakus gerechnet. Bei den Gelehrten der Glanzzeit Alexandriens kam dann das schriftliche Rechnen auf. Damals wurde auch mit Tabellen, z. B.

20   3. Das Rechnen bei den Griechen und Römern

für das Einmaleins, gearbeitet. Das berühmteste der bisher wieder aufgefundenen griechischen Rechenbretter ist eine 1,5 m lange und 0,75 m breite Marmortafel, die man im Jahre 1847 auf der Insel Salamis fand, die sogenannte Rechentafel von Salamis (vgl. Fig. 3). An sie schließt sich Alfred Nagl

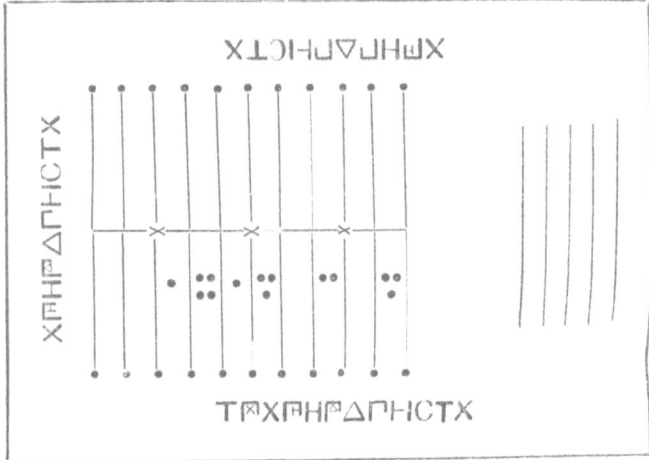

Fig. 3. Salaminische Rechentafel. (Darstellung der Zahl 9823.)

bei seinen Auseinandersetzungen über die Abakusmethoden der Griechen an. Wir folgen hier seinen Ausführungen, bemerken aber, daß sie, da keine zusammenhängenden Berichte aus dem Altertum über diesen Gegenstand existieren, teilweise auf allerdings sehr wohlbegründeten Kombinationen beruhen.

Die großen Kolumnen auf der Salaminischen Rechentafel dienten zur Darstellung der ganzen Zahlen, und zwar nahm die erste vom Innern der Tafel an gerechnet die Steinchen auf, welche die Drachmen oder Einer bedeuteten (⊢ = Drachme, Einheit), die zweite die Steinchen, welche jedes für sich fünf Einheiten oder einen Fünfer darstellten (Γ = 5). In der folgenden Kolumne galt jedes Steinchen einen Zehner (Δ = 10), in der darauffolgenden fünf Zehner oder einen Fünfziger (Γ̣ = 50) usf., (H = 100, Γ̣ = 500, X = 1000, Γ̣ = 5000) bis zu den Fünfzigtausendern. Die gleiche Einteilung, wie sie Nagl den großen Kolumnen zuschreibt, zeigen die Ziffern-

Griechischer Abakus 21

reihen an den Längsseiten und an einer Querseite. Allerdings fehlt in den beiden kürzeren Reihen schon das Fünftausenderzeichen ⌐, und in der längeren Ziffernreihe steht links von ⌐ statt der Zeichen für 10000 und 50000 unerwartet T als Zeichen für ein Talent = 6000 Drachmen, ein Hinweis, daß der griechische Abakus aus der Geldrechnung hervorgegangen war. Es bedeutete ja auch die Drachme eigentlich die griechische Münz- und Gewichtseinheit. Noch mehr zeigt sich diese Herkunft und erste Bestimmung des Abakus in den Teilen, die der Bruchrechnung dienten. Die einzigen Brüche nämlich, mit denen auf ihm gerechnet werden konnte, waren der Obolos oder $\frac{1}{6}$, „I"', das Hemiobolion oder $\frac{1}{12}$, „C", das Tetartemorion oder $\frac{1}{24}$, „T", der Chalkus oder $\frac{1}{48}$, „X", sowie deren mögliche Zusammensetzungen. Obolos, Hemiobolion, Tetartemorion und Chalkus aber waren ursprünglich nichts anderes als Bruchteile der griechischen Münz- und Gewichtseinheit. Die Zeichen für diese 4 Hauptbrüche finden sich in den 3 Ziffernreihen des Abakus rechts neben dem Drachmenzeichen ⊦. Zu ihrer Darstellung durch Steinchen dienten die kleinen Kolumnen, und zwar die erste von innen nach außen für den Obolos, die zweite für das Hemiobolion die dritte für das Tetartemorion, die vierte für den Chalkus. Die drei Sternchen auf der Tafel sollten vielleicht eine Übersicht der Kolumnen erleichtern, der Querstrich konnte verschiedenen Zwecken dienen und gestattete z. B. dem Rechner, den sich Nagl im allgemeinen an der Längsseite mit der größeren Ziffernreihe denkt, die Stufenzahlen wieder von innen nach außen anfangend noch über 50000 hinaus fortzusetzen. Die Zahl 9823 wurde auf dem Abakus dargestellt durch ein Steinchen in der Fünftausenderreihe, vier bei den Tausendern, eins in der Fünfhunderterreihe, drei bei den Hundertern, zwei bei den Zehnern und drei bei den Einern (siehe Fig. 3). Sollte 2047 dazu addiert werden, so wurden bei den Tausendern noch zwei Steinchen eingelegt, bei den Zehnern vier, bei den Fünfern kam noch eins dazu, und bei den Einern wurden noch zwei zugefügt. Die nun erfolgende „Reinigung der Rechnung" führte dazu, daß von den 6 Steinchen der Tausenderreihe zunächst 5 weggenommen wurden, die man durch eins in der Fünftausenderreihe ersetzte. Die 2 Steinchen, die dann aber in dieser Reihe sich fanden, wurden

3. Das Rechnen bei den Griechen und Römern

auch herausgenommen und durch eines bei den Zehntausendern eingeordnet. Entsprechend wurden von den 6 Steinchen der Zehnerreihe 5 entfernt, und es kam dafür eines in die Fünfzigerkolumne. Nachdem schließlich noch die 5 Steinchen der Einerkolumne entfernt und durch eins bei den Fünfern ersetzt, die zwei Steinchen, die sich dann dort befanden, auch wieder beseitigt und durch eines bei den Zehnern ausgeglichen waren, stand in den großen Kolumnen des Abakus die fertige gesuchte Summe 11870, dargestellt durch ein Zehntausendersteinchen, eines bei den Tausendern, eines bei den Fünfhundertern, drei bei den Hundertern, eines bei den Fünfzigern und zwei bei den Zehnern.

Soll 2047 von 9823 subtrahiert werden, so entfernt der Rechner zunächst 2 Steinchen aus der Tausenderreihe. Darauf müssen 4 aus der Zehnerreihe fortgenommen werden. Da dort aber nur 2 sind, wird erst ein Steinchen von den Hundertern entfernt und durch eins bei den Fünfzigern und 5 bei den Zehnern ersetzt, so daß jetzt die erforderlichen 4 dort beseitigt werden können. Um nun noch das Herausnehmen von 7 Steinchen aus der Einerreihe zu ermöglichen, wird einer der noch übrigen 3 Zehner ausgeglichen durch ein Steinchen bei den Fünfern und 5 bei den Einern. Dort sind dann 8, von denen also die 7 gewünschten fortgenommen werden können. (Vgl. unser „Leihverfahren.") Auf dem Abakus erscheint so die gesuchte Differenz 9823 − 2047 = 7776, dargestellt durch einen Fünftausender, 2 Tausender, einen Fünfhunderter, 2 Hunderter, einen Fünfziger, 2 Zehner, einen Fünfer und einen Einer.

Bei der Multiplikation auf dem Abakus, etwa bei der Rechnung 674 · 83, stand der Multiplikand, — auf dem Rechenbrett stets die kleinere Zahl, also hier 83, — unter der Ziffernreihe an der Breitseite, dargestellt durch ein Steinchen unter ⊓ (= 50), drei unter △ (= 30) und drei unter ⊢ (= 3). Entsprechend wurde an der Längsseite, da wo der Rechner steht, der Multiplikator eingetragen durch ein Steinchen unter ⊓ (= 500), eins unter H (= 100), eins unter ⊓ (= 50), zwei unter △ (= 20) und vier unter ⊢ (= 4). Die Multiplikation begann stets mit den höchsten Stellenwerten. Es wurde also der Reihe nach gerechnet: 500 · 50, 500 · 30, 500 · 3; darauf nach Entfernung des überflüssig gewordenen Fünfhunderter-

Griechischer Abakus

steinchens: 100 · 50, 100 · 30, 100 · 3; nachdem auch das Hundertersteinchen als unnötig beseitigt war: 50 · 50, 50 · 30, 50 · 3, weiter nach Wegnahme des Fünfzigersteinchens der Multiplikatorreihe: 20 · 50, 20 · 30, 20 · 3, schließlich in entsprechender Weise: 4·50, 4·30, 4·3. Die Teilprodukte wurden sämtlich in den großen Kolumnen untergebracht, ähnlich wie wir das bei der Addition und Subtraktion gesehen haben. Die „Reinigung der Rechnung" erfolgte entweder am Schluß des Ganzen oder zwischendurch nach Bestimmung eines jeden Teilprodukts. Nötig war bei den Multiplikationen auf dem Abakus, gerade wie beim Mechanismus unserer schriftlichen Multiplikation, nur die Kenntnis des *kleinen* Einmaleins nebst Addition und Subtraktion, außerdem brauchte man noch zwei Regeln, deren Formulierung auf Apollonius und Archimedes zurückgeführt wird. Nach der Regel des Apollonius wurde die Multiplikation zweier reinen Zehner, Hunderter, Tausender usw. auf die Multiplikation ihrer Pythmen oder Wurzelzahlen zurückgeführt. Bei 500·30 ist das Produkt der Wurzelzahlen 5·3 = 15. (Die Wurzelzahl von 6000 ist 6, von 70 ist 7, von 800 ist 8.) Die Einordnung des Produkts zweier *Wurzel*zahlen in die großen Kolumnen geschah nach der Regel des Archimedes. 500 ist im reinen Zehnersystem eine *Stufenzahl* dritter Ordnung (Einer sind von der ersten Stufe, Zehner von der zweiten, Hunderter von der dritten usf.); 30 ist eine Stufenzahl zweiter Ordnung, infolgedessen ergibt das Produkt 500 · 30 nach Archimedes eine Stufenzahl von der $(3 + 2 - 1)$ten Ordnung. Das Wurzelzahlprodukt 15 muß also in die für die Tausender und Fünftausender (das ist ja die vierte Ordnung) bestimmten Kolumnen eingelegt werden. Der Leser möge auf Grund dieser Andeutungen die Rechnung selbst ausführen. Zum Schluß muß in den großen Kolumnen des Abakus das Endergebnis 55 942 in folgender Gestalt stehen:

Bei der Division wurden der Dividend in den Kolumnen, der Divisor unter der Ziffernreihe an der Breitseite, der Quotient unter der Ziffern-

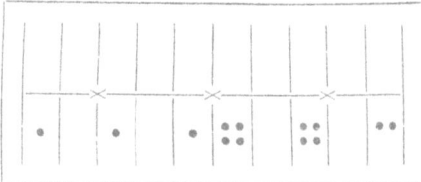

Fig. 4.

reihe an der Längsseite beim Rechner eingelegt. Apollonische Pythmenregel und Archimedische Stellenregel, letztere natürlich in umgekehrter Form, kamen auch hier zur Anwendung. Bei dem Ansatz 54000 : 80 wurde also gerechnet: 54 : 8 = 6 — die Wurzelzahl 5 von 50000 läßt sich ja nicht durch 8 teilen —; 54000 ist eine Stufenzahl vierter Ordnung (Tausender sind ja von der vierten Ordnung), 80 ist eine solche von der zweiten Ordnung, infolgedessen gehört der Quotient 6 der (4 − 2 + 1)ten Ordnung an, d. h. die 6 muß an der Längsseite dargestellt werden unter den Ziffern für die Hunderter, also mit einem Steinchen unter Ϟ und mit einem unter H. Daraufhin wurde, um den verbleibenden Rest zu finden, das Produkt 6 · 8 = 48 in der bei der Subtraktion beschriebenen Weise von 54 abgezogen. Enthielt nun der Dividend außer diesen Tausendern auch noch Hunderter, Zehner oder Einer, so wurde die Rechnung, entsprechend wie das bei uns schriftlich geschieht, weiter fortgesetzt.

Für die Bruchrechnung wählen wir als Beispiel: 93 soll mit einem Tetartemorion oder $\frac{1}{24}$ multipliziert werden. Die Zahl 93 wurde an der Breitseite, der Bruch $\frac{1}{24}$ als Multiplikator unter der Zahlenreihe beim Rechner dargestellt, und zwar mit einem Steinchen unter dem Zeichen „T" für die Tetartemorien. $\frac{1}{24}$ · 93 gibt 93 Tetartemorien, die in den großen Kolumnen eingelegt wurden mit 3 Steinchen in der Einerreihe, 4 in der Zehner- und einem in der Fünfzigerreihe. Es folgte durch *Halbierung der Anzahl* deren Umwandlung in Zwölftel oder Hemiobolien. Die 3 Steinchen der Einerkolumne wurden zu dem Zweck herausgenommen und ergaben ein Hemiobolion und ein Tetartemorion. Für dieses letztere kam ein Steinchen in die *kleine* Tetartemorienkolumne und brauchte nun zunächst nicht weiter beachtet zu werden, für das Hemiobolion kam wieder eins in die Einerkolumne. Die 4 Steinchen der Zehnerkolumne bedeuteten 40 Tetartemorien, die gleichwertig waren mit 20 Hemiobolien oder Zwölfteln. Es wurden nun also 2 Steinchen aus dieser Kolumne entfernt, und die übrigen 2 bedeuteten von jetzt ab 20 Hemiobolien. Die Umwandlung der 50 Tetartemorien, die durch das eine Steinchen in der nächst höheren Kolumne angegeben waren, in Zwölftel, geschah dadurch, daß man dieses herausnahm und statt dessen 2 Steinchen in die Zehnerkolumne und eins in die Fünfer-

Schriftl. Rechnen der Griechen

kolumne einlegte, denn $\frac{50}{24} = \frac{25}{12}$. Als Resultat des Produkts $\frac{1}{24} \cdot 93$ ergaben sich dann 46 Hemiobolien und 1 Tetartemorion, und das letztere lag in der kleinen Tetartemorienkolumne. Darauf erfolgte auf genau dem gleichen Weg durch Halbierung die Umwandlung der 46 Hemiobolien in 23 Obolen, dargestellt durch 2 Steinchen in der Zehner- und 3 in der Einerkolumne. Zwecks Umrechnung der 23 Sechstel oder Obolen in Drachmen oder ganze Einheiten mußte nun noch die Zahl 23 durch 6 dividiert werden. Dies ergab 3 Einer, die durch 3 Steinchen in der Einerkolumne zum Ausdruck gebracht wurden, und als Rest 5 Obolen, für die 5 Steinchen in die *kleine Oboloskolumne* kamen. Das Ergebnis der Multiplikation $\frac{1}{24} \cdot 93$ stand also jetzt in den großen und kleinen Kolumnen des Abakus als 3 Ganze oder Drachmen, 5 Sechstel oder Obolen und 1 Vierundzwanzigstel oder 1 Tetartemorion, und es ist ja auch tatsächlich $\frac{1}{24} \cdot 93 = 3 + \frac{5}{6} + \frac{1}{24}$. Schon das Abakusrechnen der Griechen läßt ägyptischen Einfluß erkennen. Aber die Griechen benutzten auch mit vollem Bewußtsein neben dem Abakus, wie Cantor meint aus handelstechnischen Gründen, die Multiplikation und Division der Ägypter, außerdem deren Stammbruchrechnung.

Ferner wurden bei den griechischen Gelehrten Alexandriens, z. B. bei Diophant (4. Jahrh. n. Chr.?) und Heron (1. Jahrh. n. Chr.?) auch gemeine Brüche mit jedem beliebigen Zähler benutzt.

Gegen 300 v. Chr. verbreitete sich bei den Griechen die Schreibweise der Zahlen mit Hilfe sämtlicher Buchstaben des Alphabets (vgl. Löffler), und im Anschluß daran entwickelte sich dann, besonders wieder in Alexandrien, das schriftliche Rechnen der Griechen, dem man einerseits in manchen Teilen noch die Abstammung vom Abakus ansieht, das aber anderseits auch mit unseren jetzigen schriftlichen Rechenmethoden verwandt ist.

Zur Addition und Subtraktion ist nicht viel zu sagen. Ob die Griechen dabei wie wir die Zahlen dekadisch untereinander schrieben, wissen wir nicht mit Sicherheit. Bei der *Multiplikation* z. B. $23 \cdot 741$ — der Multiplikand wurde zuerst gesetzt — fingen sie in beiden Zahlen mit den höchsten Stufen an, rechneten also hintereinander: $20 \cdot 700 = 14000$, $3 \cdot 700 = 2100$, $20 \cdot 40 = 800$, $3 \cdot 40 = 120$, $20 \cdot 1 = 20$,

3. Das Rechnen bei den Griechen und Römern

3 · 1 = 3. Offenbar wurde zur Bestimmung der Teilprodukte, ebenso wie bei der schriftlichen Division die Archimedische Stellenregel benutzt. Die Teilresultate wurden summiert. Die Division erklären wir an einem Beispiel aus der Sexagesimalbruchrechnung, die auf einer Anleihe in Babylon beruhend sich zu gleicher Zeit wie das schriftliche Rechnen mit ganzen Zahlen in Alexandrien entwickelte. Die Einheit war dabei in 60 gleiche Teile geteilt, die durch einen Akzent (') oben rechts an der Zahl angedeutet wurden. Jedes erste Sechzigstel oder jede Minute war in 60 zweite Sechzigstel oder Sekunden (2 Akzente "), jedes zweite Sechzigstel in 60 dritte Sechzigstel oder Tertien (3 Akzente ''') usf. geteilt. Mit diesen Sexagesimalbrüchen arbeiteten die alexandrinischen Griechen wie wir mit Dezimalbrüchen. Ptolemäus erklärt ausdrücklich, daß er sie benutze wegen der Unbequemlichkeit der gemeinen Brüche. Sie wurden dem Größenwert nach, aber mit den Akzenten versehen, hintereinander geschrieben. Zur Bezeichnung des Fehlens einer Stufe wurde der Buchstabe O, der Anfangsbuchstabe des griechischen Wortes für nichts benutzt. Bei Theon von Alexandrien (4 Jahrh. n. Chr.) findet sich die Aufgabe 1515 Ganze 20' 15" soll durch 25 Ganze 12' 10" geteilt werden. Theon teilt zunächst 1515 durch 25 und findet als *ersten Teilquotient 60*. Er subtrahiert 25 · 60 = 1500 von 1515 und erhält als Rest 15 Ganze, die er in 900 Minuten verwandelt und mit den im Dividend vorhandenen 20 Minuten zu deren 920 vereinigt. Davon subtrahiert er dann 12' · 60 = 720' und von dem Rest 200' noch 10" · 60 = 10'. Der Rest von 190' wird zur Bestimmung des zweiten Teilquotienten wieder durch 25 dividiert und ergibt als *zweiten Teilquotient 7'*. Dann wird 25 · 7' = 175' von 190' abgezogen. Der Rest von 15' wird in 900" verwandelt und mit den im Dividend noch befindlichen 15" zu deren 915 vereinigt. Von dieser Summe subtrahiert dann Theon das Produkt 12' · 7' = 84" (60stel mal 60stel gibt ja 3600stel). Der verbleibende Rest beträgt 831", von denen nun 10" · 7' = 70''' oder 1" und 10''' abgezogen werden. Der Rest beträgt 829" 50''' die zur Bestimmung des dritten Teilquotienten nochmals durch 25 dividiert werden. 829 : 25 = 33. Infolgedessen nimmt Theon als *dritten Teilquotienten 33"* und subtrahiert 25 · 33" = 825" von 829" 50'''. Der Rest beträgt 4" 50''', die

Theon in 290''' Tertien umrechnet, um von ihnen noch 12' · 33'' = 396''' abzuziehen, Minuten mal Sekunden oder 60^{stel} mal 3600^{stel} gibt ja 216 000^{stel} oder Tertien. Dabei erkennt er, daß der letzte Teilquotient ein wenig zu groß war, denn 396 läßt sich ja nicht mehr von 290 abziehen. Der gesuchte Quotient der Division von 1515 Ganzen 20' 15'' : 25 Ganze 12' 10'' ist also etwas kleiner als 60 Ganze 7' 33''. Bei Heath sieht die Darstellung der beschriebenen Rechnung so aus:

Divisor	Dividendus	Quotient
25 12' 10''	1515 20' 15''	
	25 · 60 = 1500	Erstes Glied 60
	Rest 15 = 900'	
	Summe 920'	
	12' · 60 = 720'	
	Rest 200'	
	10'' · 60 = 10'	
	Rest 190'	
	25 · 7' = 175'	Zweites Glied 7'
	Rest 15' = 900''	
	Summe 915''	
	12' · 7 = 84''	
	Rest 831''	
	10'' · 7' = 1'' 10'''	
	Rest 829'' 50'''	
	25 · 33'' = 825''	Drittes Glied 33''
	Rest 4'' 50''' = 290'''	
	12' · 33'' = 396'''	
	(zu groß um) 106'''	

Der Nachteil der beschriebenen schriftlichen Divisionsmethode der Griechen besteht darin, daß meist erst viel zu spät erkannt wird, ob ein Teilquotient zu groß gewählt wurde, während die Wahl eines zu kleinen Teilquotienten gerade wie auf dem Abakus nichts ausmacht, sondern die Rechnung nur verlängert.

b) DIE RÖMER

Die Römer, deren Kulturgeschichte mit der Gründung der Stadt Rom angeblich um 753 v. Chr. begann und über den Anfang der germanischen Völkerwanderung hinweg ins christliche Frühmittelalter hineinreichte, begnügten sich als ein rein praktisch gerichtetes Volk mit dem Rechnen an den Fingern, auf dem Abakus und nach Tabellen. Vielleicht geht die schon besprochene Fingermultiplikationsmethode auf die Römer zurück. Tabellenrechnen war in den Gegenden des römischen Reichs bis ins frühe Mittelalter hinein weit verbreitet.

Ebenso war der Abakus in allerdings bedeutend kleinerem Format als der beschriebene griechische (z. B. 0,125 m lang, 0,09 m breit) viel im Gebrauch.

Das römische Rechenwesen entsprang genau wie das griechische dem praktischen Leben, und es waren demnach auch die römische Einheit oder das As und seine Unterabteilungen, die Brüche oder Minutien, ursprünglich nichts anderes als kleine Gewichtsteile. Der Übergang zu abstrakten Zahlvorstellungen vollzog sich nur ganz allmählich. Man könnte zwei römische Bruchsysteme unterscheiden. Das eine verlief in der Hauptsache in der Reihenfolge As = 1, Unze = $\frac{1}{12}$, Semunzia = $\frac{1}{24}$, Duella = $\frac{1}{36}$, Siciliquus = $\frac{1}{48}$, Sextula = $\frac{1}{72}$. Das zweite entstand mit der Skrupelrechnung und verlief wie folgt: As = 1, Unze = $\frac{1}{12}$, Semunzia = $\frac{1}{24}$, Skrupel = $\frac{1}{288}$, Simplium = $\frac{1}{5 \cdot 6}$, usf., also immer mit abwechselnder Teilung der vorangehenden Größe durch 12 oder 2. Beim Rechnen mit diesen Brüchen, die ein Zwölfersystem deutlich erkennen lassen, spielte das Gleichnamigmachen, wie wir im folgenden Kapitel an einem Beispiel sehen werden, eine große Rolle. Im übrigen rundeten die Römer bei praktischen Rechnungen ihre Brüche gerne ab und vernachlässigten z. B. in der Skrupelrechnung gewöhnlich alle Werte unter $\frac{1}{2}$ Skrupel oder Simplium als zu geringfügig (vgl. Skrupel in moralischem Sinn, ein Wort, das von hier genommen ist).

Beim Rechenabakus der Römer liefen wie beim griechischen die Kolumnen auf den Rechner zu. Sie waren mit Ausnahme einer einzigen kürzeren oder auch dreier übereinander liegender kurzen rechts alle gleich lang (vgl. Fig. 5). Rechts neben der kurzen fand sich in späterer Zeit noch eine lange. Auf die kurzen folgte links zunächst eine solche für die Unzen „Θ", dann eine solche für die Einer oder das As „I" darauf für die Zehner „X", weiter für die Hunderter „C", die Tausender „∞", die Zehntausender „CⱰ⊃", die Hunderttausender „CCⱰ⊃⊃", schließlich für die Millionen „|X̄|". Die Kolumnen für die ganzen Zahlen waren also nach einem reinen Zehnersystem geordnet. Die drei übereinanderliegenden kurzen Ko-

Abakus der Römer

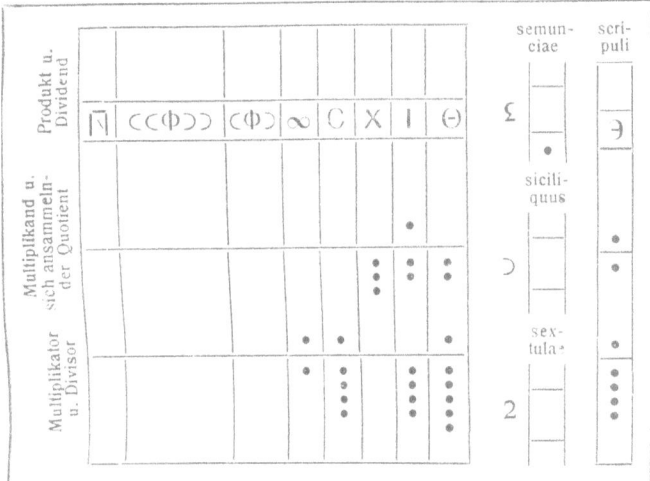

Fig. 5. Römischer Abakus.

lumnen rechts sowie die darauf weiter rechts wieder folgende lange waren zusammen mit der Unzenkolumne für die Brüche bestimmt, und zwar die oberste kurze für die semuncia „Ƹ" oder „Ɛ" die mittlere für den siciliquus „Ɔ", die untere für die sextula „2", die letzte lange rechts für die Skrupel oder scripuli „Ꙅ". Die sämtlichen langen Kolumnen waren durch eine Querleiste, die auch die zugehörigen Überschriften trug, in ein längeres unteres und ein kürzeres oberes Stück geteilt. Jeder Stein, der von oben her an die Querleiste herangeschoben wurde, bedeutete in den Reihen für die ganzen Zahlen 5, in der Unzen- und Skrupelreihe 6 Einheiten der betreffenden Stufe, jeder von unten her an die Leiste herangebrachte Stein jedesmal nur eine Stufeneinheit.

Addition und Subtraktion auf diesem römischen Abakus geschahen im wesentlichen genau wie bei den Griechen. Um die Multiplikation und Division ausführen zu können, wurde der Raum unterhalb der erwähnten Leiste noch in drei nahezu gleiche Teile zerlegt. Zu beiden Seiten des oberen der dazu benutzten Striche wurden in der gleichen Weise wie bei der Querleiste der Multiplikand und der sich ansammelnde Quotient dargestellt, zu beiden Seiten des unteren Strichs

Multiplikator und Divisor. Produkt und Dividend lagen längs der Querleiste. Die beiden Querstriche fanden sich übrigens auch in den kleinen Kolumnen. Figur 5 zeigt den Ansatz der Aufgabe: 37 As 2 Unzen 7 Skrupel sollen mit 6904 As $11\frac{1}{2}$ Unzen 10 Skrupel multipliziert werden. Die Rechnung geschah auch hier, natürlich mit den durch die andere Form bedingten Umänderungen, im wesentlichen wie bei den Griechen. Die Fünfergruppen wurden aber nicht mehr gesondert berücksichtigt, so daß in obigem Beispiel zuerst gerechnet wurde: 6000 · 30.

Aufgaben:

1. Rechne auf einem selbst gezeichneten *griechischen* Abakus mit Knöpfchen, Steinchen oder Münzen: 5713 + 8927, 19224 + 17036 + 412, 44617 — 23416, 43623 — 21215, 8036 — 2329; 816 · 87, 923 · 19, 567 · 322, 16128 : 28, 44904 : 8, 19832 : 37!

2. Bilde dir selbst Additionsaufgaben, bei denen eine Reinigung der Rechnung erforderlich ist, sowie Subtraktionsaufgaben, bei denen geliehen werden muß.

3. Rechne die unter 1 genannten Multiplikationen und Divisionen nach der schriftlichen Methode der Griechen.

4. Dividiere 1375 Einheiten 4′ 14″ 10‴ durch 37 Einheiten 4′ 55″; 5403 Einheiten 56′ 43″ 55‴ durch 8 Einheiten 12′.

5. Stelle in Anschluß an „Löffler" die Nachteile fest, die der griechischen Schriftrechenmethode infolge der Zifferschreibung gegenüber der unseren anhaften.

6. Rechne die Aufgaben 1 und 2 auf einem von dir selbst gezeichneten *römischen* Abakus.

4. DIE ABAZISTEN DES FRÜHMITTELALTERS

Um die Ausbreitung der abazistischen Rechenkunst des frühen Mittelalters, deren Zusammenhang mit dem Rechnen der Griechen und Römer nicht vollständig klargestellt ist, hat sich der berühmte Gerbert von Reims (930 bis 1003), auch bekannt als Papst Silvester II., der Freund und Berater deutscher Kaiser und Kaiserinnen aus dem Hause Sachsen, die größten Verdienste erworben.

Auf dem frühmittelalterlichen Abakus war der unbenannte Rechenstein durch den mit Zahlzeichen versehenen Stein, den sogenannten Apex ersetzt. Jeder Apex trug ein Zeichen,

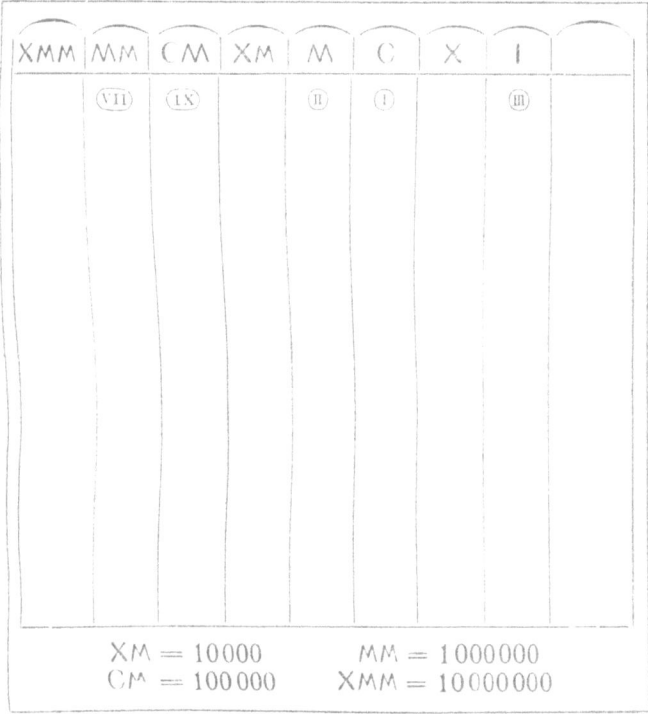

Fig. 6. Frühmittelalt. Abakus.

das eine der Ziffern von 1 bis 9 darstellte. So wurden dann vier Einheiten einer Kolumne nicht mehr durch vier einzelne Steinchen sondern durch einen einzigen Stein mit der Ziffer 4 angegeben, und, da die Unterscheidung zwischen Einer- und Fünfergruppe einer jeden Dezimalstufe auch aufhörte, neun Einheiten durch ein einziges Steinchen mit der Ziffer 9. Wenn von einer Dezimalstufe keine Einheiten vorhanden waren, so blieb die betreffende Kolumne einfach frei, da ein Zeichen für die Null noch fehlte. Die Zeichen auf den Apizes waren manchmal römische, in seltenen Fällen auch griechische Ziffern, hatten vielfach aber Formen, die unsern jetzigen Zahlzeichen ähnlich sind. Der Abakus hatte im wesentlichen das Aussehen nebenstehender Figur 6, auf der in Apizes

4. Die Abazisten des Frühmittelalters

die Zahl 7 902 103 dargestellt ist. Die breite Kolumne rechts war für die Brüche bestimmt, konnte aber auch durch drei schmälere ersetzt werden.

Die Abazisten widmeten in der Hauptsache ihre Aufmerksamkeit der Division. Sie unterschieden zwei Arten. Die erste, eine direkte, kam der unseren, natürlich auf dem Abakus, sehr nahe und hieß wegen ihrer Leichtigkeit „die goldene." Die zweite war komplementär und hieß wegen ihrer Schwierigkeit „die eiserne." Aber gerade sie wurde von den Abazisten vom 10. bis zum 12. Jahrh. in den Vordergrund gerückt und eifrig betrieben. Ihr Kern bestand darin, daß man den Divisor zum nächst höheren Zehner oder Hunderter ergänzte, und daß nach Bestimmung eines jeden Teilquotienten der durch die Ergänzung begangene Fehler wieder gutgemacht wurde.

Bei der Aufgabe 731 : 6 wurde z. B. statt durch 6 jedesmal durch 10 geteilt. Die zum Divisor 6 hinzugefügte Zahl 4 hieß die dekadische Differenz oder dekadische Ergänzung. Bei der Aufgabe 851 : 13 war die dekadische Ergänzung 7, und es wurde jedesmal statt durch 13 durch 20 geteilt. Es konnte der Divisor aber auch gleich auf den nächsten Hunderter gebracht werden. So ist z. B. bei 6324 : 358 die jetzt zentesimale Ergänzung 42, der Divisor also zunächst 400. Nach Cantor bestehen Anhaltspunkte dafür, daß in einer früheren Periode der Divisor auf die nächst höhere Stufenzahl, also entweder auf 10, 100 oder 1000 ergänzt wurde. Wir wollen zunächst die Sache an einem Beispiel *ohne* Berücksichtigung des Abakus klarmachen. Aufgabe 957 : 14. Die dekadische Ergänzung ist 6. Er wird also stets durch 20 geteilt. 957 : 20 ergibt als ersten Teilquotient *40*. Wird 40 · 20 oder 800 abgezogen, so bleibt der Rest 157. Dieser Rest ist zu klein, da die Zahl, durch die geteilt wurde, um 6 zu groß ist. Der Fehler wird dadurch ausgeglichen, daß zu 157 noch 40 · 6 = 240 addiert wird. Der richtige Rest ist also 397. 397 : 20 gibt als zweiten Teilquotient *10*. Wird 10 · 20 = 200 abgezogen, so bleibt der Rest 197, der aus dem oben angegebenen Grund um 10 · 6 = 60 zu klein ist. Der wirkliche Rest ist also 257. Bei 257 : 20 ergibt sich als dritter Teilquotient *10*. Nach Abzug von 10 · 20 = 200 und Wiederhinzufügung von 10 · 6 = 60 erhalten wir den Rest 117. Nun muß 117 durch 20 geteilt werden, und der vierte

Komplementäre Division

Teilquotient ist *5*. Zu dem nach Subtraktion von 5·20 = 100 noch vorhandenen Rest 17 muß wieder 5·6 = 30 addiert werden, und dann wird zum Schluß 47 nochmals durch 20 dividiert. Der neue Teilquotient ist 2. Es wird 2·20 = 40 subtrahiert, darauf das Komplement 2·6 = 12 addiert, so daß der Rest 19 bleibt, der sich zwar nicht mehr durch 20, wohl aber jetzt direkt durch 14 teilen läßt. Der letzte Teilquotient ist 1, der Rest 5. Die Summe der Teilquotienten ist 68. Also ist 957 : 14 = 68 Rest 5.

Für die Bestimmung des Stellenwerts der einzelnen Teilquotienten auf dem *Rechenbrett* galt bei Bernelinus die Regel, daß der Teilquotient jedesmal so viel Kolumnen vom jeweiligen Teildividenden aus nach rechts gerückt wurde, als der abgerundete oder ergänzte Divisor von der Einerkolumne

```
                    957 : 14
                    ─────────
                    957 : 20 = 40
     40 · 20 =   800
         Rest   157
    + 40 ·  6 = 240
                    ─────────
                    397 : 20 = 10
     10 · 20 =   200
         Rest   197
    + 10 ·  6 =  60
                    ─────────
                    257 : 20 = 10
     10 · 20 =   200
         Rest    57
    + 10 ·  6 =  60
                    ─────────
                    117 : 20 =  5
      5 · 20 =   100
         Rest    17
    +  5 ·  6 =  30
                    ─────────
                     47 : 20 =  2
      2 · 20 =    40
         Rest     7
    +  2 ·  6 =  12
                    ─────────
                     19 : 14 =  1
      1 · 14 =    14
         Rest     5
         Gesamtquot. 68
```

abstand. Notwendig war also gerade wie bei den Griechen und Römern auch hier nur die Kenntnis des kleinen Einmaleins, dessen bei uns übliche Form den Abazisten allerdings wahrscheinlich nicht geläufig war. Den Verlauf der beschriebenen Rechnung auf dem *Abakus* möge der Leser sich aus Figur 7 selbst klarmachen. Die Durchstreichungen in dem mittleren größer gezeichneten Zahlenraum sollen bedeuten, daß die dort dargestellten Zahlenwerte im Lauf der Rechnung sich andauernd ändern, die Apizes also immer wieder durch andere ersetzt werden. Schon im Frühmittelalter sprach man mit Rücksicht auf die Umständlichkeit der komplementären Division vom schwitzenden Abazisten.

Der Zweck, dem die „eiserne" Division diente, war nach Eneström wahrscheinlich eine Vereinfachung der erforderlichen Subtraktionen, und dasselbe Ziel hatte dann vielleicht

4. Die Abazisten des Frühmittelalters

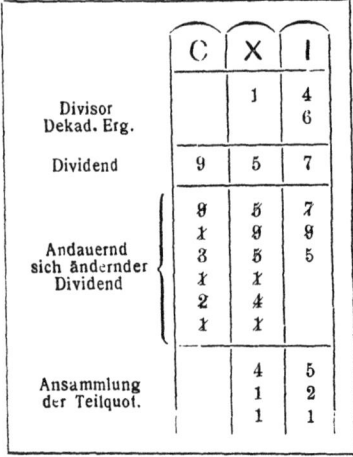

Fig. 7.

auch folgende mitunter vorkommende direkte Divisionsart die ich im Anschluß an Eneström nur kurz andeute.

Aufgabe: 6500 : 354; 6000 : 354 = *10*; 6000 − 10 · 354 = 2460; 2460 : 354 = *5*; 2000 − 5 · 354 = 230; 500 + 460 + 230 = 1190; 1000 : 354 = *2*; 1000 − 2 · 354 = 292; 190 + 292 = 482; 482 : 354 = *1*; 482 − 354 = 128. Der Quotient ist also 10 + 5 + 2 + 1 = 18, der Rest 128.

Die frühmittelalterliche Bruchrechnung stimmt in allen Hauptzügen mit der römischen überein. Obwohl die praktischen Einrichtungen, aus denen die römische Bruchrechnung erwachsen war, längst wesentliche Umänderungen erfahren hatten, galten als einzige Brüche, mit denen gerechnet wurde, noch die ursprünglichen Unterabteilungen des As bis zum Skripulum oder Skripulus einschließlich, dann der Obolus oder $\frac{1}{2}$ Skripulum ($\frac{1}{576}$ der Einheit), der Cerates (jetzt Karat) oder $\frac{1}{4}$ Skripulum ($\frac{1}{1152}$ der Einheit), der Calcus oder $\frac{1}{8}$ Skripulum ($\frac{1}{2304}$ der Einheit) und die Siliqua oder $\frac{1}{6}$ Skripulum ($\frac{1}{1728}$ der Einheit). Griechischer Einfluß ist hier unverkennbar. Daraus ergaben sich dann natürlich entsprechende Schwierigkeiten wie bei den Römern. In Anpassung an die sonderbaren Formen, Benennungen und Größenbezeichnungen der benutzten Bruchwerte waren unsere Bruchsätze bekannt. Das Gleichnamigmachen spielte auch bei der Multiplikation eine Rolle. Um eine Unze (= $\frac{1}{12}$) mit einem Deunx (= $\frac{11}{12}$) zu multiplizieren, wurden beide in Skripula verwandelt: eine Unze = 24 Skrip. 1 Deunx = 264 Skrip. Dann wurden die Mengen der Skripula miteinander multipliziert, und das Ergebnis wurde noch durch die Verhältniszahl des Skripulum zum As, also durch 288 geteilt. Demnach ist das Produkt aus einer Unze und

Bruchrechnung des Frühmittelalters

Tabelle der frühmittelalt. Brüche
(nach Nagl, Wien. Ak. d. W. 1888 Bd. 116).

Benennung	Zeichen	enthält			Arithm. Wert
		unciae	scripula	calci	
As	⊹	12	288		1
Deunx	SSY	11	264		$1\frac{1}{1}$
Dextans	SSS	10	240		$\frac{10}{12}$
Dodrans	SS	9	216		$\frac{9}{12}$
Bisse (Beß)	SS	8	192		$\frac{8}{12}$
Septunx	S·	7	168		$\frac{7}{12}$
Semis	S	6	144		$\frac{6}{12}$
Quincunx	SY	5	120		$\frac{5}{12}$
Triens	SS	4	96		$\frac{4}{12}$
Quadrans	Y	3	72		$\frac{3}{12}$
Sextans	S	2	48		$\frac{2}{12}$
Sescuncia	Ƹ	1½	36		$\frac{1}{8}$
Uncia	—	1	24		$\frac{1}{12}$
Semunzia	ℒ	½	12		$\frac{1}{24}$
Duella	ᴜU	⅓	8		$\frac{1}{36}$
Sicilius	Ɔ	¼	6		$\frac{1}{48}$
Sextula	U	⅙	4		$\frac{1}{72}$
Dragma	✕		3		$\frac{1}{96}$
Dimidia Sextula	ω		2		$\frac{1}{144}$
Tremissis	H		1⅓		$\frac{5}{1152}$
Scripulus	ℬ		1	8	$\frac{1}{288}$
Obolus	⊢			4	$\frac{1}{576}$
Cerates	Z			2	$\frac{1}{1152}$
Calcus	ω			1	$\frac{1}{2304}$
Siliqua	∽ LA			1⅓	$\frac{1}{1728}$

einem Deunx = $\frac{24 \cdot 264}{288}$ = 22 Skripula oder, nach römischer Ausdrucksweise, gleich einer Semuncia, einer Duella und einer Dimidia (halben) Sextula. Es waren übrigens auch für die Multiplikation aller Bruchgrößen miteinander besondere Multiplikationstabellen in Gebrauch.

Von der Rechnung der frühmittelalterlichen Abazisten wird vielfach behauptet, sie sei eine im praktischen Leben unbrauchbare Schultheorie gewesen. Die italienischen Kaufleute und Bankiers sollen sich aber, als seit dem 11. Jahrh. der

Handel schnell aufblühte, nach Cantors Angabe des abazistischen Rechnens bedient haben; als dann jedoch das bequemere nnd schnellere indisch-arabische Ziffernrechnen aufkam, haben sie bald zu diesem gegriffen.

Aufgaben:

1. Rechne die Aufg. 1, Kap. 3 auf dem frühmittelalterlichen Abakus, die Divisionen ohne und mit Abakus komplementär!

2. Rechne komplementär: 35607 : 21, 594813 : 148, 70103 : 512; bilde dir selbst Aufgaben!

3. Multipliziere einen Dodrans mit einer Duella, eine Sextula mit einem Septunx, eine Dragma mit einem Obolus; bilde selbst Beispiele!

4. Wenn du Latein verstehst, so überlege dir im Anschluß an die Tabelle die Schwierigkeiten, die im Gegensatz zu uns der römisch-frühmittelalterlichen Bruchrechnung aus den Benennungen entstanden!

5. DAS RECHNEN BEI DEN INDERN

Unsere heutigen schriftlichen Rechenmethoden, das sogenannte Positionsrechnen mit den arabischen Ziffern und der Null, haben sich von Vorderasien her bei uns verbreitet, aber bei dieser Verbreitung noch mannigfache Umänderungen erfahren. Wo sie erfunden wurden, weiß man nicht. Es scheint aber, daß im siebenten Jahrh. n. Chr. das ganze System mit der Null in Indien vollständig vorhanden gewesen ist. Der damals in Vorderasien benutzte Abakus war eine mit feinem Sand oder Staub bestreute Tafel. Die Ziffern wurden in den Sand hineingeschrieben, und um ihnen mit Sicherheit die richtige Stelle anweisen zu können, wurden wahrscheinlich vor Erfindung der Null, gerade wie auf den beschriebenen Rechenbrettern, Kolumnen auf den Rechner zu gezogen. Als dann die Null hinzukam, waren diese Kolumnen unnötig geworden.

Addition und Subtraktion konnten bei den Indern sowohl von rechts nach links, mit den niedersten Stellen beginnend, als auch von links nach rechts, mit den höchsten Stellen anfangend, vorgenommen werden. Daß bei dem letzteren Verfahren dann manchmal, wie z. B. bei der Aufgabe 121 + 576 + 381, nachträglich eine Stelle korrigiert werden mußte, verschlug nichts, da auf der mit Staub bestreuten Tafel das Verwischen der ursprünglichen Ziffer leicht geschehen konnte. Wenn bei der Subtraktion eine Stelle des Minuenden niedriger war als die zugehörige Stelle des Subtrahenden, so glichen die Inder den durch die Erhöhung dieser Stelle um eine Einheit der vorangehenden Stufe begangenen Fehler dadurch aus, daß sie z. B. bei 952 — 813 entweder rechneten: 12 — 3 = 9, 4 — 1 = 3, oder 12 — 3 = 9, 5 — 2 = 3. Die Ergebnisse wurden sowohl bei der Addition wie bei der Subtraktion oben hingeschrieben.

Um 288 schriftlich mit 235 zu multiplizieren, wurde zunächst 235 so unter 288 gesetzt, daß die 5 Einer unter den 2 Hundertern von 288 standen. Dann wurde die 2 der oberen Zahl der Reihe nach mit 2, 3, 5 der unteren malgenommen. Die Rechnung verlief wie folgt: 2 · 2 = 4. Dieser Faktor 4 tritt über die 2 von 288; 3 · 2 = 6 wird rechts daneben über die 8 gesetzt. Die 0 von 5 · 2 = 10 tritt auf die dritte Stelle neben 6, und die 1 von 10 wird mit 6 zu 7 vereinigt, 6 also weggewischt und durch 7 ersetzt. Über 288 steht also 470. Darauf wird 235 um eine Stelle nach rechts herausgeschoben, und es beginnt in gleicher Weise die Multiplikation der mittleren 8 von 288 mit 2, 3, 5. Zu Anfang dieser Rechnung haben wir also folgendes Bild:
$$\begin{array}{|c|}\hline 470 \\ 288 \\ 235 \\ \hline\end{array}$$
, dann geht es weiter: 2 · 8 = 16, Ziffer 6 von 16 wird mit der 7, die über 8 steht, zu 23 vereinigt, 3 tritt an Stelle von 7, und die 2 von 23 wird mit der vorangehenden 4 zu 6 addiert. 6 tritt also auf dem Staubbrett an Stelle von 4. Weiter wird gerechnet: 3 · 8 = 24. Die 4 tritt an Stelle der 0 von 470, die 2 gibt mit der im Produkt links davon stehenden 3 zusammen 5. Jetzt wird noch gerechnet 5 · 8 = 40. Die 0 von 40 tritt rechts neben die letzt erwähnte 4, die 4 von 40 gibt mit der letzt erwähnten 4 zusammen 8. Diese 8 tritt an Stelle von 4. Wird nun 235 noch eine Stelle weiter nach rechts herausgerückt, so haben wir, bevor die Multiplikation der letzten 8 mit 2, 3, 5, beginnt, folgende Figur:
$$\begin{array}{|c|}\hline 6580 \\ 288 \\ 235 \\ \hline\end{array}$$
. Die Schluß-

5. Das Rechnen bei den Indern

rechnung, bei der der erste Ziffernansatz über der letzten 8 von 288 beginnt, möge der Leser sich selbst klarmachen, ebenso den inneren Zusammenhang des hier nur im äußeren Verlauf gegebenen Verfahrens. Das Schlußbild ist folgendes:

| 67680 |
| 288 |
| 235 |

, also ist das gesuchte Produkt 67680.

Eine zweite Multiplikationsmethode der Inder zeichnete sich dadurch aus, daß von vornherein außer den beiden Faktoren nur das endgültige Endprodukt hingeschrieben wurde. Dies erreichten die Inder dadurch, daß sie die Multiplikation in beiden Faktoren mit den niedrigsten Stellen anfingen und, bevor sie eine Stufenzahl, etwa die Tausender hinschrieben, erst im Kopf sämtliche Teilmultiplikationen, bei denen Tausender entstehen konnten, ausführten und vereinigten. Die Ausrechnung der Aufgabe

| 234 |
| ✕ 917 |

verlief dann so: $7 \cdot 4 = 28$. Die 8 Einer wurden unter der 7 notiert. $20 = 2$ Zehner kam zu den übrigen Zehnern. $7 \cdot 3 = 21$, $1 \cdot 4 = 4$, $2 + 21 + 4 = 27$. Mit der 7 von 27 Zehnern wurde die zweite Stelle links neben der 8 ausgefüllt. 20 Zehner$=2$ Hunderter. Hierzu werden addiert $7 \cdot 2 = 14$ Hund., $9 \cdot 4 = 36$ Hund., $1 \cdot 3 = 3$ Hund.; $2 + 14 + 36 + 3 = 55$. Von diesen 55 Hundertern wurden 5 links neben die Zehner auf die Hunderterstelle gesetzt, 50 H. = 5 Tausender im Kopf behalten und mit den übrigen Produkten der zu Tausendern führenden Teilmultiplikationen zusammengefaßt: $1 \cdot 2 = 2$, $9 \cdot 3 = 27$, $5 + 2 + 27 = 34$, also kam auf die Tausenderstelle eine 4. Es folgte die Bestimmung der Zehntausenderstelle: $9 \cdot 2 = 18$, $3 + 18 = 21$; also waren 1 Zehntausender und 2 Hunderttausender im Produkt vorhanden, die Ziffern 1 und 2 füllten ordnungsmäßig die Stellen neben der 4 aus. Schlußbild mit dem Ergebnis war folgendes:

| 234 |
| 917 |
| 214578 |

. Nächst dieser „blitzbildenden" oder zickzackförmigen Multiplikationsart sei zu dritt noch die sogenannte „netzförmige" Multiplikation der Inder vorgebracht, die in einem rechteckigen Netz vor sich ging und

Indische Multiplikationsmethoden

schon angewandt werden konnte vor Erfindung der Null. Der Leser möge sie sich an Fig. 8, wo $27 \cdot 896 = 24192$ gerechnet worden ist, selbst zurechtlegen.

Auf die Division wollen wir hier nicht eingehen, sie kommt im folgenden Kapitel ausführlich zur Behandlung. Eine Bemerkung, die an die Wiedergutmachung des Fehlers bei der komplementären Division des Frühmittelalters erinnert, sei jedoch erwähnt. Sie findet sich bei dem indischen Mathematiker Brahmagupta (7. Jahrh. n. Chr.).

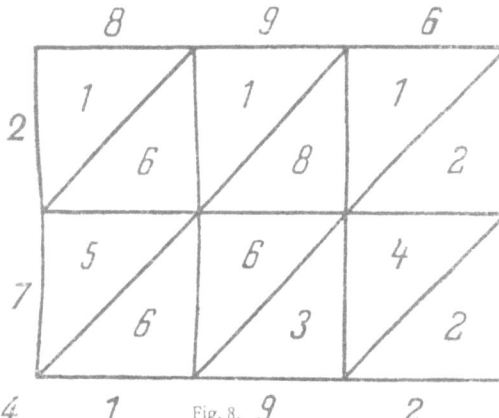

Fig. 8.

Er schreibt, wenn man eine Zahl durch einen zu großen Divisor geteilt habe, so solle man den herauskommenden Quotient mit dem Überschuß multiplizieren, das Produkt durch den ursprünglichen Divisor teilen und den neuen Quotient zu dem zuerst erhaltenen addieren. Im entgegengesetzten Fall soll man subtrahieren. So komme man zum richtigen Ergebnis. Einer seiner Kommentatoren erklärt das Verfahren an der Aufgabe 300 : 20. Hat man irrtümlich durch 24 geteilt, so ist der Quotient 12,5. Dieser, mit dem Überschuß 4 multipliziert, ergibt 50, und 50 : 20 = 2,5. Die Summe $12,5 + 2,5 = 15$ ist das richtige Ergebnis.

Die Inder waren tüchtige Kopfrechner und stimmten im wesentlichen in der Benutzung von Rechenvorteilen mit uns überein.

Die gemeine Bruchrechnung der Inder wich in der Hauptsache nicht von unserer jetzigen ab. Der Zähler wurde allerdings ohne Bruchstrich über den Nenner gesetzt, und bei gemischten Zahlen standen die Ganzen oberhalb des Bruchs. Ganze Zahlen wurden, wenn die Bequemlichkeit der Rechnung es erforderte, bei Bhaskara (12. Jahrh. n. Chr.) und im sog. auf Birkenrinde geschriebenen Rechenbuch von Bakshali (Ende des 11. Jahrh. n. Chr.) als Brüche mit dem Nenner 1 aufgefaßt. Die Sexagesimalbruchrechnung war den Indern geläufig.

Aufgaben: 1. Durchdenke die hier geschilderten Rechenmethoden, soweit sie nur im rein äußeren Verlauf dargestellt wurden, bezüglich ihrer inneren Berechtigung!

2. Stelle dir ein Sandbrett her und rechne auf die verschiedenen Arten die Additions-, Subtraktions- und Multiplikationsaufgaben von Kap. 3 Aufg. 1, ferner $8607 \cdot 4009$, $23144 \cdot 817$, $5229 \cdot 14311$, $5021 \cdot 9317$!

3. Bilde dir selbst Aufgaben!

6. DAS RECHNEN BEI DEN ARABERN

Griechische, indische und ägyptische Einflüsse liefen bei den Arabern zusammen; bei den Westarabern in Marokko und Spanien zeigen sich auch Einflüsse des abendländischen abazistischen Kolumnenrechnens, wie Cantor meint, durch Vermittlung italienischer Kaufleute, die im 13. Jahrh. n. Chr. an der nordafrikanischen Küste zahlreiche Handelskontore unterhielten.

Die Rechnungen wurden entweder auf der Staubtafel vorgenommen oder auf einem Schreibstoff, auf dem sich die Ziffern nicht mehr wegwischen ließen, also z. B. auf Papier. Natürlich rief dieser letztere Umstand Änderungen in der äußeren Erscheinung der Rechnungen hervor, auf die wir aber erst im nächsten Kapitel eingehen.

Im 9. Jahrh. n. Chr. unter dem Kalifen Al Mamun lebte in Bagdad und Damaskus der Astronom Mohammed ibn Musa Alchwarizmi. Er gab gegen 820 n. Chr. ein Rechenbuch heraus, das sich in der Hauptsache auf indische Schriften stützte, vor allem auf eine Abhandlung über indische Rechenkunst, die angeblich mit vielen anderen Geschenken im Jahre 773 von einer indischen Gesandtschaft an den Hof des Kalifen Almansur gebracht worden ist. Dieses Werk des Alchwarizmi wurde die Quelle nicht nur des Rechnens bei den islamitischen Völkern bis zur Jetztzeit, sondern auch bei sämtlichen jetzt vorhandenen weißen Kulturvölkern. Seine Bedeutung spricht sich weiter darin aus, daß noch heute jedes unserer mechanisierten Rechenverfahren, also wie wir schriftlich addieren, subtrahieren, multiplizieren und dividieren „Algorithmus" genannt wird. Algorithmus ist nichts anderes als die ins Lateinische übertragene verdorbene Form des Namens Alchwarizmi.

Auf dem Staubbrett waren natürlich auch bei den Arabern wegen der Null keine Kolumnen mehr erforderlich. Addieren und Subtrahieren geschahen wie bei den Indern. Beim Addieren betont Alchwarizmi stark die Behandlung der Stellen, die mit einer Null besetzt werden müssen. Eine Erbschaft, die er nicht von den Indern, sondern von den Ägyptern übernahm, sind das Duplieren oder Verdoppeln und das Medieren oder Halbieren. Beim Medieren soll rechts angefangen werden. Sollte die erste Stelle rechts ungerade sein, so muß nach Alchwarizmi eine Einheit dieser Stelle in Sechzigstel verwandelt werden. Sollte auch auf einer der folgenden Stellen eine ungerade Zahl stehen, so muß wieder eine Einheit in 10 Einheiten der nächst niedrigeren Stufe umgewandelt und auf der rechts davon stehenden Stelle eine entsprechende Korrektur vorgenommen werden. Beim Duplieren, das links anfangen soll, betont Alchwarizmi besonders den Fall, daß bei einer Stelle mehr als 10 herauskommt. Auch dann wird eine Korrektur der links daneben stehenden Ziffer erforderlich. Die Multiplikation des Alchwarizmi verläuft vollständig nach der zuerst beschriebenen indischen Art. Allerdings gibt Alchwarizmi nicht ausdrücklich an, ob die überflüssig gewordenen Ziffern der oberen Zahl weggelöscht werden sollen, um Platz für die Ziffern des Produkts zu schaffen, aber Eneström hält dieses für wahrscheinlich, so daß bei der Multiplikation von 288 mit 235 nach der ersten Teilrechnung, bevor 235 eine Stelle nach rechts herausgerückt wurde, das Bild folgendes gewesen wäre: $\begin{array}{|l|}\hline 47088 \\ 235 \\\hline\end{array}$. Bei Alchwarizmi finden wir als Rechenprobe die sogenannte Neunerprobe, über die sich der Leser gut in Bd. 13 dieser Sammlung bei Ph. Maennchen, „Geheimnisse der Rechenkünstler" unterrichten kann. Beim Dividieren auf der Staubtafel werden die zu teilenden Zahlen untereinander geschrieben, bei 46478 : 324 tritt 324 unter 464, bei 16478 . 324 muß allerdings 3 erst unter 6 gesetzt werden,

6. Das Rechnen bei den Arabern

weil 164 sich nicht durch 324 teilen läßt, wohl aber 1674. Nachdem der erste Teilquotient bestimmt ist, wird er über die letzte Ziffer des Divisors gesetzt, der Dividend wird durch die aufeinanderfolgenden Abzüge andauernd geändert. Der Ansatz zur Aufg. 46 468 : 324 sieht also mit dem ersten Teilquotienten 1 — es ist ja 464 : 324 = 1 — so aus:

```
  1
46468
  324
```

Jetzt wird $1 \cdot 3 = 3$ von der ersten 4 links abgezogen, und an deren Stelle tritt 1. Die Subtraktion von $1 \cdot 2 = 2$ von der über 2 stehenden 6 ergibt an Stelle dieser Ziffer 4, schließlich tritt an Stelle der mittleren 4 von 46468 durch Abzug von $1 \cdot 4 = 4$ „0", so daß also jetzt das Rechenbild, nachdem der Divisor eine Stelle weiter nach rechts herausgerückt worden ist, so aussieht:

```
  1
14068
 324
```

Es wird nun 1406 durch 324 geteilt. Der neue Teilquotient 4 tritt oben rechts neben 1, und es heißt weiter, indem 324 mit 4 malgenommen und das Produkt von 1406 abgezogen wird: $4 \cdot 3 = 12$ von 14 abgezogen ergibt auf dem Staubbrett an Stelle von 14 „2"; $4 \cdot 2 = 8$ von 20 subtrahiert ergibt 12, $4 \cdot 4 = 16$ von 126 abgezogen gibt 110, und jetzt ist das Rechenbild, nachdem 324 wieder eine Stelle nach rechts herausgerückt und der neue Teilquotient aus 1108 : 324 bestimmt ist:

```
  14
1108
 324
```

Der Leser möge die Rechnung, deren logische Berechtigung er ja auch durchdenken muß, selbst zu Ende führen. Das Schlußbild ist:

```
143
136
324
```

es ist 46468 : 324 = 143, Rest 136. Alchwarizmi sagt, die Antwort sei 143 und 136 Teile von 324 Teilen der Einheit, eine Ausdrucksweise, mit der er sehr stark an Eratosthenes (276 — 194 v. Chr.) und Ptolemaeus (2. Jahrh. n. Chr.), beide aus Alexandrien, erinnert.

Alchwarizmi beherrscht auch die Bruchrechnung und handelt ziemlich ausführlich von den Sexagesimalbrüchen. Ähnlich wie Ptolemaeus den Buchstaben O, so benutzt er die Null zur Bezeichnung des Fehlens einer Sexagesimalstelle. Beim Subtrahieren von Sexagesimalbrüchen lehrt er die Behandlung des Falls, wo eine Minuendenstelle kleiner ist als die zugehörige Subtrahendenstelle und berücksichtigt selbst den Fall, wo dabei auf der nächst höheren Stelle nichts vorhanden ist. Um Sexagesimalbrüche miteinander zu multiplizieren, etwa 2 Ganze oder Grad und 45 Minuten, also kürzer $2^0\ 45'$ mit $4^0\ 10'\ 30''$, wird der erste Faktor in Minuten verwandelt, der zweite in Sekunden, dann wird die Multiplikation ausgeführt und nachher durch wiederholte Division durch 60 das Produkt zu $8^0\ 43'\ 52''\ 30'''$ umgerechnet. Wenn der Leser genauer zusieht, wird er finden, daß diese Multiplikationsart nichts anderes ist als unsere Methode bei Dezimalbrüchen, nur mit den durch das Ineinandergreifen von Dezimal- und Sexagesimalsystem bedingten Komplikationen. Um Sexagesimalbrüche durch Sexagesimalbrüche oder ganze Zahlen, bzw. umgekehrt zu teilen, solle man beide Zahlen erst gleichnamig machen.

Zu den übrigen arabischen Mathematikern, die auch das Abendland mehr oder weniger beeinflußten, können wir nur wenige ganz kurze Bemerkungen machen. In dem „befriedigenden Traktat", den Abû'l Hasan Ali ibn Ahmed Alnasawi für die Finanzbeamten der Bujidensultane gegen 1030 n. Chr. schrieb, zeigen sich schon deutlich Veränderungen, die an gewissen indisch-arabischen Rechenmethoden durch die Benutzung des Papiers an Stelle der Staubtafel hervorgerufen wurden. Ebenso zeigt sich dies in der „Aufhebung der Schleier der Wissenschaft des Staubs", einem Rechenbuch, das Alkalasadi aus Granada im 15. Jahrh. schrieb. Dieser bringt auch die beschriebene netzförmige Multiplikation der Inder sowie bei einem anderen Multiplikationsverfahren einen Anklang an die Archimedische Stellenregel. Abu Zakarija el Hassar (vielleicht 12. Jahrh. n. Chr.) scheint noch auf der Staubtafel gerechnet zu haben. Er bringt die Siebenerprobe (vgl. Bd. 13). Eine vollständig dem beschriebenen indisch-arabischen Rechnen feindliche Stimmung zeigt sich bei Abû Bekr Muhammed ibn Alhusain Alkarchi (11. Jahrh. n. Chr). Er befindet sich fast ganz in griechisch-alexandrinischem Fahrwasser, bringt jedoch die Neuner- und Elferprobe, welch letztere vielleicht seine Erfindung ist. Der „Talchys" des Ibn Albannâ endlich, eines Gelehrten, der um die Mitte des 13. Jahrh. in Marokko geboren wurde, zeigt deutlich abazistisches Kolumnenrechnen des Abendlands und indisch-arabisches Ziffernrechnen vereint.

Aufgaben: 1.) Durchdenke den logischen Aufbau jeder einzelnen der geschilderten Rechenoperationen.

2. Stelle dir eine Staub- oder Sandtafel her und halbiere bzw. dupliere nach Alchwarizmis Art: 1728, 913, 7001, 25843, 49236!

3. Dividiere auf dem Staub- oder Sandbrett: 247829 : 26, 95817 : 4, 5006201 : 17, 8629 : 9, 2876441 : 537!

4. Multipliziere nach Alchwarizmis Art: $5°0'13''\cdot 1°14'$; $0°29'\cdot 57°31'22''$; $49°28'43''2'''\cdot 9°0'2''$!

5. Prüfe die Lösungen von Aufg. 4 nach durch Umrechnung in das Dezimalsystem!

6. Bilde dir selbst Aufgaben!

7. DIE AUSWIRKUNG DER INDISCH-ARABISCHEN RECHENMETHODEN IM ABENDLAND

a) **Das Rechnen mit ganzen Zahlen.** Während im Osten Europas Byzanz wohl immer mit den asiatischen und nordafrikanischen Kulturländern in Verbindung stand, kamen Mittel- und Westeuropa erst durch die Kreuzzüge wieder in engere Berührung mit dem Orient. Besonders als infolgedessen auch der Handelsverkehr nach dem Osten stärker wurde, drang allmählich die Kenntnis des in den beiden letzten Kapiteln beschriebenen indisch-arabischen Rechnens in das Abendland. Es entspann sich ein merkwürdiger Kampf zwischen den Abazisten (vgl. Kap. 4) und den Algorithmikern, wie die Anhänger der neuen Schule hießen. Noch im Jahre 1299 verbot die Calimalazunft den Gebrauch arabischer Ziffern, und noch im 16. Jahrh. finden wir in Handelsbüchern italienischer Kaufleute hier und da lateinische Ziffern. Ja, bei uns hießen um 1500 die römischen Ziffern gar noch „deutsche Zahlen" im Gegensatz zur arabischen „Zifferzahl". Trotzdem kann man sagen, daß, besonders wohl infolge des praktischen Geistes der Kaufleute, der Sieg zu Beginn des 14. Jahrh. im großen und ganzen schon auf Seite der Algorithmiker war.

Abazisten und Algorithmiker 45

Die Bekanntschaft der Gelehrten des europäischen Ostens mit dem neuen Rechnen erkennen wir aus dem sogenannten Rechenbuch des byzantinischen Mönchs Maximus Planudes (13. Jahrh.), der nach eigener Angabe direkt aus indischen Quellen geschöpft hat. Die Neunerprobe spielt bei ihm eine große Rolle. Auch versucht er, die sexagesimale Schreibweise rückwärts in die ganzen Zahlen hinein fortzusetzen, indem er bei einer Rechnung das Produkt von $118°54'8''$, da der Tierkreis in 12 Bilder zu je $30°$ zerfalle, gleich 3 Bildern $28°54'8''$ setzt. Ich umgehe die Urkunden aus der allerersten Zeit des Auftretens der indisch-arabischen Rechenmethoden im eigentlichen Abendland, also in Mittel- und Westeuropa, bemerke nur, daß zunächst die Staub- oder Wachstafel noch benutzt wurde, auf der dann z. B. bei Additionen die Summe an Stelle des oberen Summanden, bei Subtraktionen die Differenz an Stelle des Minuenden treten konnte, und daß in einer der wichtigsten dieser Urkunden, nämlich in einer dem Johannes von Sevilla (12. Jahrh. n. Chr.) zugeschriebenen Übersetzung einer umständlichen arabischen Bearbeitung des „Alchwarizmi", da wo wir von „Leihen" sprechen, z. B. zur Bestimmung der ersten Stelle bei der Aufgabe $5642-4329$, in folgender Weise subtrahiert wird: $10-9=1$, $1+2=3$. Im 13. Jahrh. wirkten dann die Männer, die den eigentlichen Sieg der Algorithmik herbeiführten: Leonardo von Pisa, ein italienischer Kaufmannssohn, der in Nordafrika erzogen war und auch am Hof des Hohenstaufenkaisers Friedrich II. erschien, Jordanus Nemorarius, vielleicht ein Deutscher und als Nachfolger Domingo Guzmans zweiter General des Dominikanerordens († 1237), Sacrobosco, der in Oxford studierte und in Paris lehrte, und ein Magister Gernardus, über dessen Lebensschicksale man nichts Näheres weiß. In dem vielleicht um die Mitte des 13. Jahrh. geschriebenen Rechenbuch des Sacrobosco wird noch das Rechnen auf der Staub-, Wachs- oder Sandtafel vorgeführt. Magister Gernardus löscht bei der Multiplikation die Ziffern der oberen Zahl allmählich weg, um Platz für das Produkt zu schaffen. Bei der Division dagegen ist nicht klar, ob Gernardus schon das gleich zu besprechende Überwärtsdividieren meint oder allmähliches Auslöschen der Ziffern. Die Probe macht er ebenso wie Sacrobosco bei Multiplikation und Division durch die entgegen-

46   7. Auswirkung d. indisch-arab. Rechenmethoden im Abendland

setzte Rechnung, ein Verfahren übrigens, das in der dem Joh. von Sevilla zugeschriebenen Übersetzung ausdrücklich für alle Rechnungsarten gelehrt wurde. Mit dem Zurücktreten des Staubbrettrechnens gegen das Rechnen auf Papier wurden verschiedene indisch-arabische Rechenverfahren, deren leichte Durchführbarkeit einzig und allein auf der Möglichkeit beruhte, einmal geschriebene Ziffern schnell wegzuwischen, zu einer Umformung gezwungen. An Stelle des Auswischens der Ziffern trat ihr Durchstreichen. Die neue Ziffer wurde über die alte gesetzt, und es entstanden die eigenartigen Methoden des Überwärtsmultiplizierens und Überwärtsdividierens. Das erstere ist schon lange verschwunden, das letztere hat sich, zunächst als einzig geübte Divisionsart, dann neben unserer jetzigen bis zum Beginn des 19. Jahrh. erhalten. Das Überwärtsmultiplizieren, auch Galeerenmultiplikation genannt, macht der Leser sich am besten an dem Beispiel 235 · 288, das wir bei den Indern ausführlich gerechnet haben, klar. Der Ansatz der Faktoren war genau wie da, der Ansatz des Produkts geschah aber schon in der ersten Reihe über 235. Nach der ersten Teilmultiplikation mit 235 hatte man dann folgendes Bild:
$\begin{array}{|c|}\hline 70 \\ 46288 \\ 235 \\\hline\end{array}$, nach der zweiten folgendes:

$\begin{array}{|c|}\hline 58 \\ 34 \\ 6700 \\ 46288 \\ 2355 \\ 23 \\\hline\end{array}$ nach der dritten das Schlußergebnis:
Es ist also 235 · 288 = 67 680. Das Resultat muß am äußeren Rand des Ziffernbergs abgelesen werden, und zwar von der am weitesten links stehenden 6 an erst aufsteigend bis zur obersten 6, dann absteigend bis zur äußeren 0 rechts.
$\begin{array}{|c|}\hline 6 \\ 74 \\ 588 \\ 344 \\ 67000 \\ 46288 \\ 23555 \\ 233 \\ 2 \\\hline\end{array}$

Auch das Überwärtsdividieren (vgl. Bd. 15 dieser Sammlung) oder die Galeerendivision möge der Leser sic him Anschluß an die bei den Arabern ausführlich behandelte Aufgabe 46468 : 324 klarmachen. Der Ansatz sieht so aus $\begin{array}{|c|}\hline 46468 \\ 324 \\\hline\end{array}$; nach Bestimmung des ersten Teilquotienten ist das Rechenbild dieses: $\begin{array}{|c|}\hline 140 \\ 46468 \mid 1 \\ 324 \\\hline\end{array}$, nach Festsetzung des zweiten Teilquotienten haben wir folgende Figur:

Überwärtsmultiplizieren und Überwärtsdividieren 47

```
 11                                          1
 22                                          2
1400                                       113
46468 | 14                                 224
3244                                      14006
  32                                    46468 | 143
                                         32444
                                          322
                                            3
```

nach Berechnung des dritten Teilquotienten steht das Ergebnis da:
Es ist also 46468 : 324 = 143 Rest 136; den Rest muß man wieder am äußeren Rand des Berges und zwar von oben rechts herabsteigend ablesen.

Unsere jetzige Multiplikationsmethode treffen wir zuerst in Italien in der Summa des berühmten Franziskanermönchs Luca Pacioli (1494). Die einzelnen Ziffern der richtig untereinander gesetzten Teilprodukte waren in kongruente aneinanderstoßende Rechtecke eingefaßt, und deshalb hieß die Multiplikationsart in Florenz bericocoli, nach einem dort sehr beliebten mit Viereckchen bedruckten Gebäck aus Aprikosenteig. In anderen Gegenden hieß sie „schachbrettartig". Sie fand bald auch in Deutschland Anklang. Die beschriebene netzförmige Multiplikationsart (S. 39) nannte Pacioli „Eifersuchtsmultiplikation", wegen der Ähnlichkeit des Netzes mit den Fenstergittern an den Frauengemächern Italiens. Eine Abart der netzförmigen Multiplikation sieht bei Pacioli so aus:

Unser modernes Unterwärtsdividieren findet sich nach einer brieflichen Mitteilung von Eneström an Tropfke zum ersten Mal bei dem Italiener Ph. Calandri 1491 in seinem Werk „De arimetrica opusculum". In noch nicht ganz mit uns übereinstimmender Form findet es sich dann in Deutschland bei Peter Bienewitz oder Bennewitz (Apianus), dem Mathematiklehrer Karls V. in dessen Rechenbuch für Kaufleute und bei dem Rechenmeister Adam Riese.

```
       3217
       1829
  ┌─┬─┬─┬─┬─┐
  │2│8│9│5│3│ 3
  ├─┼─┼─┼─┼─┤
  │ │6│4│3│4│ 9
  ├─┼─┼─┼─┼─┤
  │2│5│7│3│6│ 8
  ├─┼─┼─┼─┼─┤
  │ │3│2│1│7│ 3
  └─┴─┴─┴─┴─┘
     5 8 8
     Fig. 9
```

Die Bedürfnisse des Kaufmannsstandes riefen gegen Ende des Mittelalters in den deutschen Handelsstädten die Zunft der Rechenmeister hervor, die in besonderen Schulen, den Rechenschulen, der Jugend, die es wünschte, das Rechnen beibrachte. Wem das nicht genügte, der mußte zur Universität gehen, wo bei Beginn der Neuzeit das einfache Rechnen noch von Professoren gelehrt wurde. Deutsche Kaufleute, z. B. Lukas Rem, gingen aber auch noch zu Beginn des 16. Jahrh. nach Venedig, um rechnen zu lernen. Melanchthon veröffentlichte an der Universität Wittenberg einen Aufruf zum Studium des Rechnens, in dem es hieß, Addieren und Subtrahieren seien sehr leicht zu lernen, die Regeln der Multiplikation und Division erforderten allerdings etwas mehr Aufmerksamkeit, aber bei einiger Anstrengung würden auch sie bald begriffen. Noch Ende des 16. Jahrh. tun sich Hieronymus Froben und Andreas Ryff, zwei bekannte Kaufleute, etwas darauf zugute, daß sie bei der Division den Quotient richtig herausfinden. Der bedeutendste unter den Rechenmeistern war Adam Riese, auch Ries, Rys oder Ryse geschrieben. Er wurde 1492 zu Staffelstein in Franken geboren, 1522 war er Rechenmeister in Erfurt, 1525 in Annaberg, 1559 starb er. Von seinen Büchern waren besonders drei für die Ausbreitung der Rechenkunst im 16. Jahrh. von Bedeutung. Es sind dies: Rechnung auf der Linie, Rechnung auf der Linie und Feder und Rechnung nach der Länge auf der Linie und Feder. (Vgl. Bd. 15 dieser Sammlung, Witting und Gebhardt Bspl. zur Geschichte der Mathematik). Was Rechnung auf der Linie ist, werden wir später sehen. Rechnung mit der Feder war das damals üblich indisch-arabische Ziffernrechnen. Adam Riese war kein Gelehrter, er hat keine selbständigen Forschungen angestellt. Aber er war klar in seinem Unterricht und hat durch die Art, wie er die Stoffe anordnete, die Grundlage für unsere jetzige Methodik des Rechenunterrichts geschaffen.

b) Das Rechnen mit Brüchen und die Erfindung der Dezimalbruchrechnung. Der indisch-arabische Einfluß führte zur endgültigen Anerkennung gemeiner Brüche mit jedem beliebigen Zähler und Nenner. Leonardo von Pisa benutzt zum ersten Mal, wenigstens in Europa, den Bruchstrich, bei Jordanus Nemorarius und Magister Gernardus findet er sich nicht. Dagegen ist er vom Ende des 15. Jahrh. an immer vorhanden. Zur Addition, Subtraktion und Division machte Leonardo von Pisa die Brüche erst gleichnämig, die Multiplikation vollzog er dadurch, daß er erst die Zähler malnahm und dann das erhaltene Produkt durch die beiden Nenner nacheinander teilte. Jordanus Nemorarius hingegen und Magister Gernardus teilen das Produkt der Zähler durch das Produkt der Nenner. Beim Dividieren empfehlen sie beide, Zähler durch Zähler und Nenner durch Nenner zu teilen. Wo das nicht ohne weiteres möglich sei, solle man vorher

Gemeine Brüche und Dezimalbrüche

den Dividend erweitern. Also: $\frac{30}{35} : \frac{5}{7} = \frac{30:5}{35:7} = \frac{6}{5}$; aber $\frac{4}{11} : \frac{3}{5} = \frac{4 \cdot 3 \cdot 5}{11 \cdot 3 \cdot 5} : \frac{3}{5} = \frac{4 \cdot 5}{11 \cdot 3} = \frac{20}{33}$. Daß der Begriff des Bruchs in damaligen Zeiten trotz allen Rechnens damit doch nicht immer ganz klar war, zeigt ein noch bis ins 18. Jahrh. ausgesprochenes Bedenken hinsichtlich der Multiplikation der Brüche. Sogar Luca Pacioli kann sich nämlich nicht richtig erklären, daß das Produkt kleiner ist als einer der Faktoren, wo doch in der Bibel stehe: Wachset und vervielfältiget euch und erfüllet die Erde. In Kaufmannskreisen war die Bruchrechnung überhaupt noch wenig verbreitet, aber auch in anderen gebildeten Schichten sah es stellenweise schlecht damit aus. Der berühmte Leonardo da Vinci war an sich schon ein schlechter Rechner, aber vor Bruchrechnung hatte er, wie Cantor schreibt, eine heilige Scheu. In dem in diesem Kapitel beschriebenen Zeitraum des Mittelalters wurde auch mit Sexagesimalbrüchen gerechnet. Es kamen sogar Versuche vor, das Sexagesimalsystem rückwärts in das Gebiet der ganzen Zahlen hinein fortzusetzen, z. B. um 1552 bei König Alfons von Leon, ferner Ende des 13. Jahrh. bei dem dänischen Dominikaner Petrus Philomeni de Dacia und Anfang des 15. Jahrh. bei dem Wiener Prof. Joh. von Gemunden (vgl. auch Maximus Planudes). Schon der Verfasser der erwähnten von Joh. von Sevilla übersetzten arabischen Schrift wußte, was Jordanus Nemorarius klar durchführte, daß nämlich das Wesentliche nicht die Zahl 60 sei, sondern die sich stets gleich bleibende Verhältniszahl in der systematischen Anordnung der immer kleiner werdenden Bruchteile. Damit war dann aber die Möglichkeit eines Übergangs zu Dezimalbrüchen gegeben. Ihr erster Erfinder läßt sich kaum nennen. Das Komma zur Abgrenzung der Dezimalstellen findet sich nach Eneström zum ersten Mal bei dem Schotten Lord Neper, 1617. Der berühmte Astronom Kepler schrieb 1616 die Erfindung der Dezimalbrüche seinem Freund dem Kasseler Hofuhrmacher Jost Bürgi zu. Große Verdienste um die Dezimalbruchrechnung erwarb sich jedenfalls der Niederländer Simon Stevin (1548—1620). Dieser Lehrer und Schützling des Prinzen Moritz von Nassau war geboren zu Brügge in Flandern, Buchhalter in Antwerpen, dann Steuerbeamter in Brügge; schließlich ernannte sein hoher Schüler ihn zum Deichhauptmann in Holland. Stevins einschlägige auch flämisch verfaßte Schrift „La Disme" erschien 1585. Stevin schrieb

4673,912 so: 4673 ⓪ 9 ① 1 ② 2 ③, bezeichnete also von den Einern ab den Rang einer jeden Stelle durch eine rechts davon stehende von einem kleinen Kreis umgebene Zahl. Er schrieb aber mitunter auch 54 ② für 0,54 und 707② für 7,07. Bei Rechnungen setzte Stevin vielfach die umringelten Stellenzeiger über die betreffenden Ziffern. Die Addition von 16,5273 + 709,8175 + 18,312 sah dann so aus:

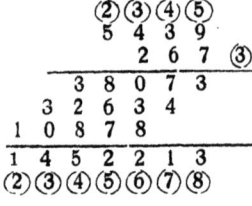

Die Multiplikation 0,267 · 0,05439 hatte nach Stevin folgendes Aussehen:

```
      ②③④⑤
      5 4 3 9
      2 6 7 ③
    ─────────
    3 8 0 7 3
  3 2 6 3 4
1 0 8 7 8
─────────────
1 4 5 2 2 1 3
②③④⑤⑥⑦⑧
```

Der Stellenzeiger der niedrigsten Ziffer des Produkts bestimmte sich durch Addition aus den Stellenzeigern der niedrigsten Ziffern der Faktoren. Die Anordnuug der Stellenzeiger hier sowohl wie bei der Addition war bestimmt durch das Streben nach Übersichtlichkeit.

Wenn bei der Division, etwa von 9 ① durch 4 ④ der Stellenzeiger des Divisors höher ist als der des Dividenden, so sollen an das Zeichen des Dividenden vor der Rechnung soviel Nullen angefügt werden, bis die Stellenzeiger gleich sind. Statt 9 ① : 4 ④ wird also gerechnet 9000 ④ : 4 ④. Es ist leicht zu erkennen, daß wir es bei der Multiplikation und Division im wesentlichen schon mit unserer modernen Methode zu tun haben. Die weitere Entwicklung der Theorie der Dezimalbrüche fällt ins 17. Jahrh. Damals wurden ihnen manche längere oder kürzere Abhandlungen gewidmet, z. B. durch den englischen Landpfarrer und Mathematiker Oughtred, durch Hérigone und selbst durch den berühmten Mathematiker Bonaventura Cavalieri, ein Mitglied des Krankenpflegerordens der Jesuaten des heiligen Hieronymus. Die endgültige Aufnahme der Dezimalbrüche ins praktische Leben ließ allerdings trotz Stevins Forderung noch lange auf sich warten. Die Münz-, Maß- und Gewichtssysteme waren auf anderer Basis aufgebaut, und die Regierungen hatten kein Verständnis für die Sache. Erst die französische Revolution brachte zunächst in Frankreich eine Wendung, im 19. Jahrh. dann auch in Deutschland.

8. DIE ABAZISTEN DES SPÄTMITTELALTERS (DAS RECHNEN AUF DEN LINIEN)

Das in Kapitel 4 geschilderte abazistische Rechnen war durch die indisch-arabischen Rechenmethoden aus den gebildeten Kreisen verdrängt worden. In den weniger hochstehenden Schichten des praktischen Lebens jedoch muß sich das Rechnen mit Rechensteinen oder Rechenmarken wohl das ganze Mittelalter hindurch erhalten haben und tritt dann vom 15. Jahrh. bis ins 17. Jahrh. hinein in der Literatur unerwartet als eine weitverbreitete Einrichtung hervor, besonders in Deutschland, Frankreich und England.

Der damals gebräuchliche Abakus trug aber merkwürdigerweise nicht mehr senkrecht auf den Rechner zulaufende, sondern quer an ihm vorbeilaufende Linien, auf denen mit unbenannten Rechenpfennigen oder Rechenmarken gearbeitet wurde. Diese Linien konnte man sich auf jeder beliebigen Unterlage, auch auf Papier, ziehen. Das ganze Schema hieß ein Bankir oder eine Rechenbank. Der Wert der nicht mit Ziffern bezeichneten Marken hing von der Linie ab, auf der sie lagen. Die Marken auf der dem Rechner zunächst laufenden Linie bedeuteten Einer, auf der folgenden Zehner, dann Hunderter usf. Lag die Marke zwischen zwei Linien, d. h. in einem „Spatium", so bedeutete sie 5 mal so viel als auf der mehr nach dem Rechner hin verlaufenden, aber nur die Hälfte vom Wert auf der weiter vom Rechner entfernten Linie. Auf den Linien sah dann 9376 so aus:

Die Linien, auf denen Tausender, Millionen oder Tausendtausender usf. standen, wurden mit einem Kreuzchen markiert. Addieren und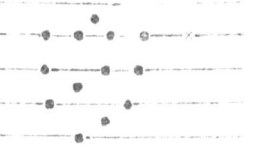
Subtrahieren auf den Linien vollzogen sich im wesentlichen genau wie auf dem griechischen Abakus. Was dort Reinigung der Rechnung hieß, nannte man hier Elevieren. Die Auflösung einer Einheit in Einheiten niedrigerer Ordnung hieß Resolvieren. Elevieren und Resolvieren trugen den gemeinsamen Namen Reduzieren. Beim Duplieren wurden die auf einer Linie liegenden Rechenmarken einfach in ihrer Anzahl verdoppelt, die in einem Zwischenraum oder in einem Spatium liegenden dadurch in ihrem Wert verdoppelt, daß man sie auf die nächst–

8. Die Abazisten des Spätmittelalters

höhere Linie schob. Das Medieren geschah nach dem gleichen Grundgedanken. Bei beiden Rechnungsarten wurden jedoch zwei nebeneinanderliegende Bankire benutzt. Auf den ersten kam die zu verdoppelnde oder zu halbierende Zahl, auf den zweiten das Ergebnis. Die Duplierung von 9376 sah dann zunächst so aus:

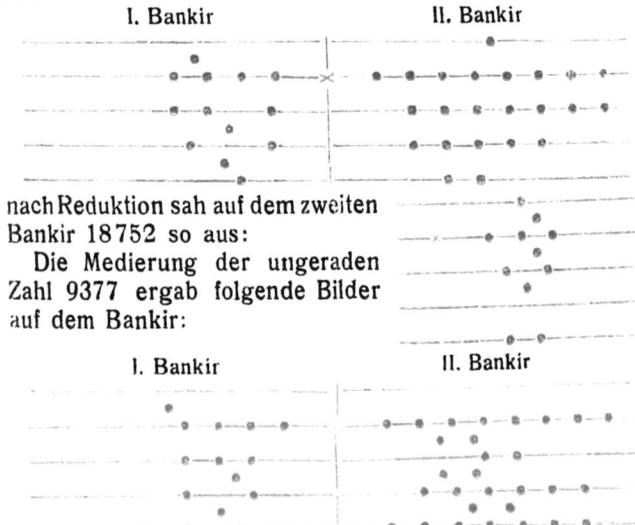

nach Reduktion sah auf dem zweiten Bankir 18752 so aus:

Die Medierung der ungeraden Zahl 9377 ergab folgende Bilder auf dem Bankir:

Man sorgte nämlich zunächst dafür, daß durch Resolvieren in jedem Zahlenraum eine gerade Anzahl von Steinen lag. Nur auf der Einerlinie war das natürlich bei einer ungeraden Zahl nicht möglich. Darauf wurde von jeder Linie und von jedem Spatium die Hälfe der Rechenmarken weggenommen. War die Gesamtzahl ungerade, so wurde das letzte Steinchen bei dieser Halbierung in den Raum unter die unterste Linie geschoben, wo es $\frac{1}{2}$ bedeutete. Dann kam also schließlich 4688$\frac{1}{2}$ oder folgendes Zahlbild heraus:

Multiplizieren und Dividieren auf den Linien erforderten genau wie beim alten Abakus eine gründliche Kenntnis des 1×1, auf dessen Auswendiglernen denn auch damals, wie Günther schreibt, ein Hauptgewicht

Rechnen auf den Linien 53

gelegt wurde. Beim Multiplizieren auf den Linien begann man mit der untersten oder obersten Stelle. Nur der Multiplikand wurde aufgelegt, der Multiplikator aber im Kopf behalten oder anderswo vermerkt. Das Produkt kam auf einen zweiten Bankir. Die Elevation geschah teilweise schon während der Rechnung. Um 32·467 auszurechnen, wurde also 467 auf dem ersten Bankir dargestellt. Die Multiplikation mit 32 geschah dadurch, daß erst 400 32 mal genommen wurde. Um die 4 Hunderter mit 2 zu multiplizieren, kam die doppelte Anzahl Marken auf die gleich hohe Linie des zweiten Bankirs, vorher war, um mit 30 zu vervielfachen, die dreifache Anzahl, aber eine Linie höher aufgelegt worden; warum eine Linie höher, möge der Leser zu ergründen suchen. Entsprechend geschah dann nach Entfernung von 400 vom ersten Bankir die Rechnung 32·50, 32·10, 32·5, 32·2. Eine Schlußelevierung sorgte für eine möglichst geringe Anzahl von Marken auf dem für das Produkt bestimmten Bankir.

Etwas komplizierter verlief die Division. Nur der Dividend wurde auf dem Bankir aufgelegt, der Divisor wieder anderswo vermerkt. Neben dem Dividend wurde ein Bankir für den allmählich ansteigenden Quotient abgeteilt. Die nicht mehr erforderlichen Marken des Dividenden entfernte man vom Rechenbrett. Es ist in diesem Bändchen soviel von abazistischem Rechnen die Rede gewesen, daß es dem Leser sicher Freude machen wird, sich das Divisionsverfahren an dem von dem berühmten Mathematiker Michael Stifel, einem Freund Martin Luthers, benutzten Beispiel 511 768 : 71 selbst klarzumachen. Wir setzen zu dem Zweck nach Treutlein nur 2 Figuren (Fig. 10 und Fig. 11) hierhin. Die erste enthält, nebeneinander geordnet, die Reihe der hintereinander verbleibenden Reste, beginnend mit der Zahl 511 768 selbst, die zweite, ebenso nebeneinander dargestellt, den allmählichen Aufbau des Quotienten.

Für die Bruchrechnung war das Rechnen auf den Linien auch nach Ansicht der damaligen Zeit wenig geeignet.

Aufgaben: 1. Subtrahiere nach Joh. v. Sevilla 3921—2837, 9041—5368, 7425—5316, 4307—2539!

2. Rechne nach der Überwärtsmultiplikation Kap. 5, Aufg. 2, ebenso nach der Überwärtsdivision Kap. 3 Aufg. 1 und Kap. 6 Auf. 3!

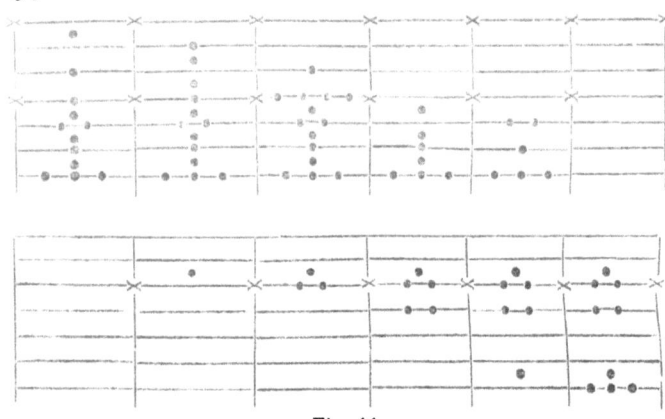

Fig. 11.

3. Rechne die Multipl.-Aufg. von Nr. 2 nach Luca Pacioli!
4. Rechne auf den Linien Kap. 6, Aufg. 3!
5. Halbiere auf den Linien 5649, 7058, 8637, 25001, 9436, Dupliere die gleichen Zahlen auf den Linien!
6. Dividiere nach Jordanus Nemorarius $\frac{6}{35} : \frac{3}{5}, \frac{7}{11} : \frac{5}{13}, \frac{4}{9} : \frac{2}{7}, \frac{8}{21} : \frac{4}{55}, \frac{17}{19} : \frac{3}{14}, \frac{15}{16} : \frac{5}{7}$!
7. Durchdenke alle beschriebenen Rechnungsarten bezüglich ihres logischen Zusammenhangs!

9. SCHLUSS

Wir sind am Ende unserer Entwicklung angelangt. Die eigentlichen Gelehrten hörten allmählich auf, sich mit dem elementaren Rechnen zu befassen, und wandten sich statt dessen der aufblühenden Zahlentheorie zu (vgl. Bd. 19 dieser Sammlg.: Leman, Vom periodischen Dezimalbruch zur Zahlenthorie, Band 2: H. Wieleitner, der Begriff der Zahl, und auch Band 13, Maennchen, Geheimnisse der Rechenkünstler); die Lehrer begannen die Methodik des Rechen*unterrichts* zu entwickeln; das Rechnen selbst wurde nur noch wenig ausgebaut. Zwar wäre noch allerlei zu berichten, z. B. bezüglich des Sieges der Dezimalbrüche über die Sexagesimalbrüche, die jedoch noch um die Mitte des 18. Jahrh. in astronomischen Tabellenwerken standen, über die schließliche auch äußerliche Abschleifung der vier Grundrechnungsarten zu den jetzt festgehaltenen Formen und das definitive Zurücktreten des Überwärtsteilens gegen das Unterwärtsteilen, über das Verschwinden des Rechnens auf den Linien usf. Aber in wesentlichen Dingen fand keine Weiterentwicklung mehr statt, wie sich das auch in der jetzt noch volkstümlichen Berufung auf den berühmten Rechenmeister Adam Riese zeigt.

LITERATUR

Anthropos, Internationale Zeitschrift für Völker- und Sprachenkunde. St. Gabriel, Mödling bei Wien. — Bald. Boncompagni, Trattati d'aritmetica. I. Heft: Algorithmi de numero Indorum. II. Heft: Liber alghoarismi de pratica arismetrica, Rom 1858. — Bibiotheca mathematica, herausgegeben von G. Eneström. Teubner. — Cantor, Geschichte der Mathematik, 4 Bände. Teubner 1901—1913. Brugsch, Aus dem Morgenland, Sammlg. Reclam. — Bubnow, Arithmetische Selbständigkeit der europäischen Kultur. Berlin 1914, Friedländer. — Colebrooke, Algebra of the Hindus with Arithmetic and Mensuration from the Sanscrit of Brahmagupta and Bhascara. London 1817. — Conant, The number concept. New-York 1896. — Eisenlohr, Ein mathematisches Handbuch der alten Ägypter (Papyrus Rhind des Brit. Museums) Leipzig, Hinrichs 1877. — Fettweis, Eine Mahnung der Völkerkunde bezüglich der modernen Rechenmethodik. Zeitschrift für christl. Erziehungswissenschaft, 1921, 14. Jahrg., Heft 11. — Ders., Die Methode des ersten Rechenunterrichts im Lichte des phylogenetischen Parallelismus, Schweizer Schule, Einsiedeln 1922. 8. Jahrg., Heft 4 und Heft 6. — Ders, Antike Rechenverfahren und neuzeitlicher Rechenunterricht, Deutsche Schule 1921, 25. Jahrg., Heft 9. — Frobenius, Die Mathematik der Ozeanier, Berlin 1900. — Günther, Geschichte des mathematischen Unterrichts im deutschen Mittelalter 1887 (Monum. Germ. Paedagogica). — Günther-Wieleitner, Geschichte der Mathematik, Verlag Göschen, 1908—1921. — Heath, Die Werke des Achimedes, ins Deutsche übersetzt von Kliem 1914. — Hochheim, Al Kâfî fîl Hisâb des Alkarchi, deutsche Übersetzg. Halle 1878—1880 — Hoppe, Mathematik und Astronomie im klassischen Altertum, Heidelberg, 1911. Verlag Winter — Hultzsch, Abakus in Pauly-Wissowas Encyklopädie der klassischen Altertumswissenschaften. — Karpinski, Robert of Chesters Latin Translation of the Algebra of Al-Khowarizmi 1915. — Ders., Two Twelfth Century Algorisms, Isis. vol 3. 1921. — G. R. Kaye, Indian mathematics, Calcutta und Simla 1915. — Ders, Influence Grecque dans le développement des mathématiques Hindoues, Scientia 25, Bologna 1919. — Lepsius, Über eine hieroglyphische Inschrift am Tempel von Edfu, Abhandl. der königl. Akademie der Wissenschaften, Berlin 1855. — Ders., Die altägyptische Elle, Abhandl. der königl. Akademie der Wissenschaften, Berlin 1865. — Ders., Die babylonisch-assyrischen Längenmaße, Abhandl. der königl Akademie der Wissenschaften, Berlin 1877. — Lietzmann, Lustiges und Merkwürdiges von Zahlen und Formen, Breslau 1922, Hirt. — Marre, Le Talchys d'Ibn Albanna, publié et traduit, Rome 1865. — Mitteilungen zur Geschichte der Medizin und der Naturwissenschaften, Verl. Voss, Leipzig — Nagl, Die Rechenpfennige und die operative Arithmetik, Numismatische Zeitschrift, 19. Jahrg., Wien 1887. — Ders, Gerbert und die Rechenkunst des 10. Jahrh., Abhandl. der kaiserl. Akademie der Wissenschaften, Wien 1888. — Ders., Die Rechentafel der Alten, Abhandl. der kaiserl. Akademie der Wissenschaften, Wien 1914 — Ders., Abakus, in Pauly-Wissowas Encyklopädie der klassischen Altertumswissenschaften, Supplementband 1918. — Nesselmann, Algebra der Griechen, Berlin 1842. — Obermeyer, Der Mensch der Vorzeit, Allg. Verlagsgesellschaft, Berlin, München, Wien. — Pott, Die quinare und vigesimale Zählmethode bei Völkern aller Weltteile, Halle 1847. — Ders., Die Sprachverschiedenheit in Europa an den Zahlwörtern nachgewiesen, Halle 1868. — Ruska, Zur ältestesten arabischen Algebra und Rechenkunst, Abhandl. der Heidelberger Akademie der Wissenschaften, 1917. — Marianne Schmidl, Zahl und Zählen in Afrika, Mitteilungen der anthropologischen Gesellschaft in Wien 1915. — Simon, Geschichte der Mathematik im Altertum in Verbindung mit antiker Kulturgeschichte Berlin 1909. Verlag Cassirer, — D. E. Smith, Computing Jetons, 1921. — Sombart, Der moderne Kapitalismus, München 1921. — Spengler, Untergang des Abendlandes, I. Band. München 1919. — Tropfke, Geschichte der Elementarmathematik, 2. Aufl. Berlin, 1921, 1922. — Unger, Die Methodik der praktischen Arithmetik in historischer Entwicklung. Teubner 1888. — Villicus, Geschichte der Rechenkunst vom Altertum bis zum 18. Jahrh., Wien 1897. — Waeschke Übersetzung der „Markenlegung nach Art der Inder" von Maximus Planudes, Halle 1878. — Weissenborn, Die Entwicklung des Ziffernrechnens, Eisenach 1877. — Woepke, Traduction du traité d'arithmétique d'Abul Hasan Ali ben Mohammed Alkalasadi, in den Atti del Academia Pontifizia de' Nuovi Lincei 1859, Bd. 12. — Ders., Journal Asiatique, 1863, 1. Halbjahr, der „Befriedigende Traktat des Alnasavi." — Zeitschrift für Mathematik und Physik historisch-literarische Abteilung seit 1875. Hierzu Supplementhefte unter dem Titel „Abhandlungen zur Geschichte der Mathematik." (Enth. z. B. Treutlein, das Rechnen im 16 Jahrh.) — Zeuthen, Die Mathematik im Altertum und im Mittelalter, in „Kultur der Gegenwart", Teubner 1912.

MIX
Papier aus verantwortungsvollen Quellen
Paper from responsible sources
FSC® C105338

If you have any concerns about our products,
you can contact us on
ProductSafety@springernature.com

In case Publisher is established outside the EU,
the EU authorized representative is:
**Springer Nature Customer Service Center GmbH
Europaplatz 3, 69115 Heidelberg, Germany**

Printed by Libri Plureos GmbH
in Hamburg, Germany